日本ミツバチに学ぶ

働き蜂と女王の社会

桑畑純一 著

鉱脈社

れんげと日本ミツバチ

ツツジの花と
日本ミツバチ

クロガネモチと
日本ミツバチ

サザンカの花と日本ミツバチ

花粉を運ぶ日本ミツバチ

ハチと話の
できる男

日本ミツバチ女王

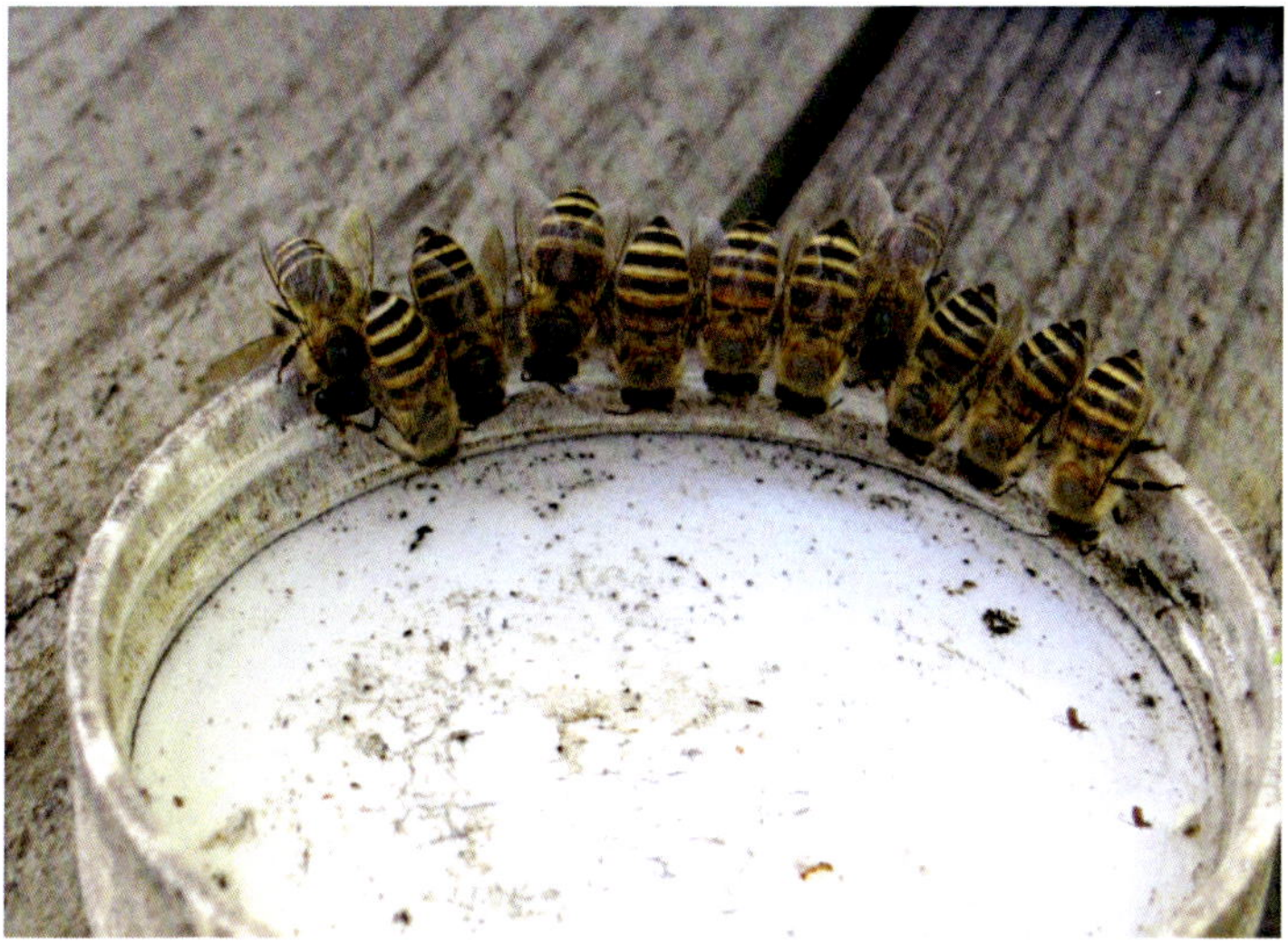

整列して食事

雄　蜂

重箱を切断したところ

分封蜂球

キンリョウヘンに集合

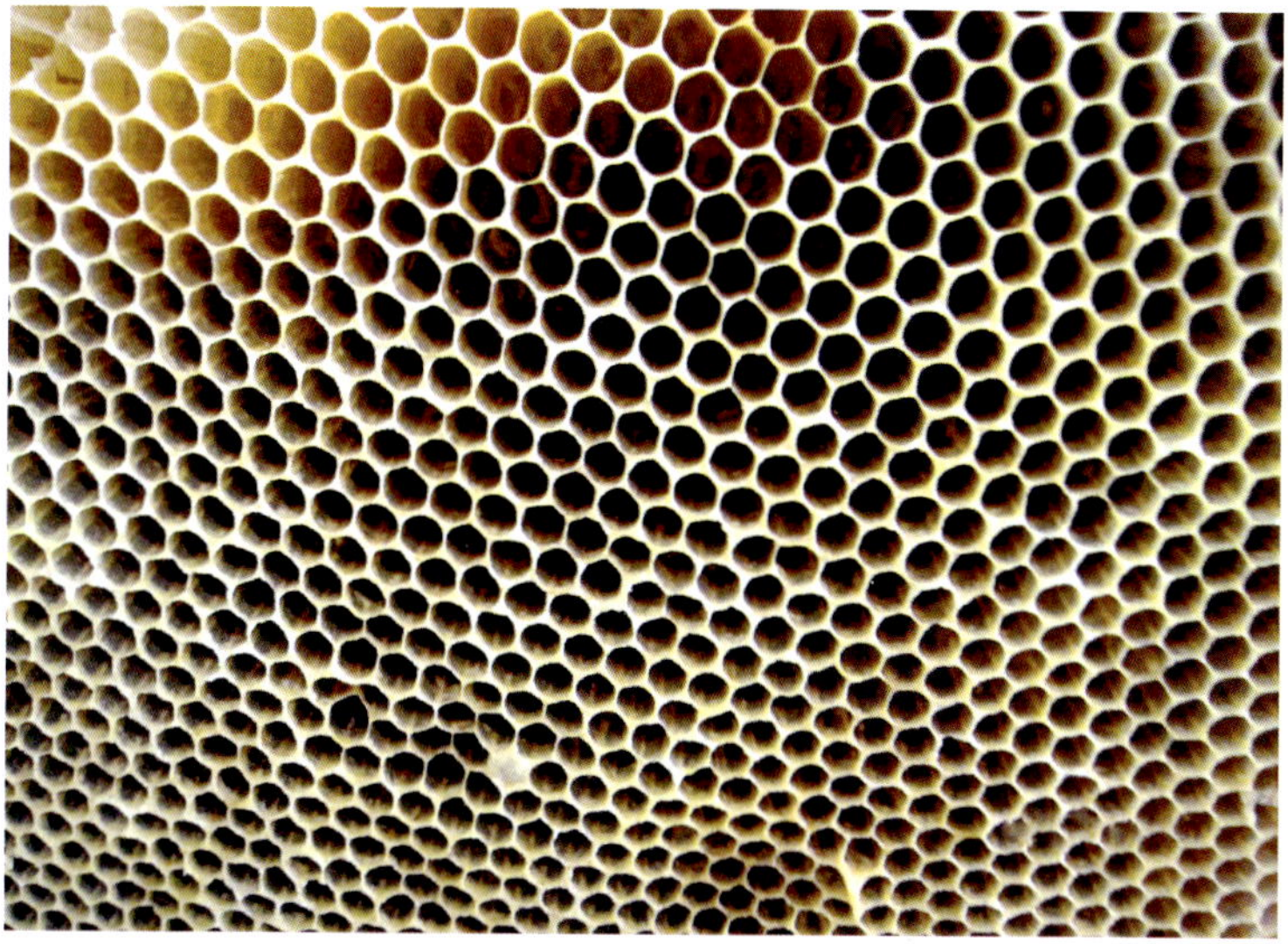

日本ミツバチの巣房

日本ミツバチの梯子

ミツバチの会議

髭となった分封群

はじめに

日本ミツバチというハチと付き合い始めて十数年、インターネットでの日本ミツバチの普及もあり、ミツバチを見る目が変わってきているようだ。十数年ほど前までは、山間部でしか見なかった日本ミツバチの巣箱が、街中でも見られるようになった。ハチを見ていると、癒される。いかめしい鼻ひげを生やした人でも、巣箱の前では孫を見ているような柔和な顔をしている。空を自由に飛び、花から花へと渡り歩くミツバチを通して、自然の不思議をあらためて思う。

還暦を過ぎたら、気持ちは現役のつもりでも、身体がついていかないと感じてもいる。少しでも長く、楽しく生きたいと考える。自然に接していると、社会の煩わしさから解放され、五感を取り戻すような気になってくる。効率や便利さを求める人間社会、その究極がドローンやクローン、ＡＩ（人工知能）だのと、人を必要としない社会を目指しているような気がする。

人間以外にも、社会をつくり、環境の変化に対応しながら、持続できる社会を目指して生きている生物がいる。そうした社会のために、進化を追求する人間と、安定を求めるミツバチ。社会の在り様を考えさせられる。

近年の異常気象に、地震や火山による災害は、いつどこで誰の身に降りかかってきてもおかしくない世の中になってきた。地球温暖化が叫ばれて久しいが、急激な気候変動には人もハチも困惑させられている。急激な変化は混乱も伴う。変化についていけないのは、高齢者だけでなく、他の生物も同じではないかと思う。

人間こそが世界を支配していると思うのは大間違い、ましてや人間同士が争っていることが、他の生物にとっていかに迷惑なことかとミツバチを通して見えてくる。競争することによって進化し、環境に適応していくのが生物の宿命と思っていた。ところが、生物は競争だけでなく棲み分けしながら共存していることもわかってきた。ミツバチの生き残る知恵は、人間に勝るとも劣らない。ハチの行動にいろんな想像もできるし、好き勝手な解釈もしている。だから、不思議な魅力に取りつかれるのかもしれない。

日本ミツバチの飼育は、巣箱の規格があるわけでもなく、餌をやることもなく、同じ空間にいるだけでペットのような気もする。人間の思いのままになるわけでもないが、見ているだけで癒される。そして一年を通して飼うことができれば、褒美としてハチ蜜を提供してくれる。

日本ミツバチの飼育を始めて十数年、飽きることのない趣味となった。毎日働いているときには気づかなかった自然界の不思議さに、自分も生かされているとつくづく思う。

自然を征服したい人間にとって邪魔になるかのように、昆虫は「虫けら」として扱われてきた。とんでもないことである。「一寸の虫にも五分の魂」というように、それぞれ自然の一員として生きているのだ。その代表が日本ミツバチである。家族、分業と共同作業、役割分担、長距離移動、防衛といえば、人間社会のことかと思う。ミツバチは、子育てをし、お互いに連携して家を守り、将来に備え備蓄もする。小さな虫が整列する姿は、統制が取れているのか、微笑ましく感じる。元気に飛び交うミツバチを見ているだけで、元気づけられる。

そんなミツバチの世界をもっと多くの人に知ってもらいたく、この本がその一助になればこの上ない喜びである。

平成三十年秋

目次

第三章　日本ミツバチの飼い方……103

日本ミツバチに学ぶ

働き蜂と女王の社会

第一章　日本ミツバチの生態

ハチという昆虫はすごい

この世には様々な生き物がいる。一概に生物というが、生物には植物と動物、それにウイルスや細菌などの微生物がいる。そして、動物には、一定の体温を持っている恒温動物と、外部の温度の変化により体温が変化する変温動物がいる。

人間を含む哺乳動物や鳥類は、毛や羽で覆われて外部の温度の変化から身を守る術を身につけている恒温動物である。蛇、トカゲなどの爬虫類、カエル、イモリなどの両生類に魚類、それに昆虫は変温動物である。変温動物は周りの温度が低下すれば体温も低くなり、活動が鈍る。温・寒帯に住む多くの昆虫は、一年の半ばをこの不活動状態で過ごす動物である。

昆虫は、卵、幼虫、蛹《さなぎ》、成虫と変態しながら大きくなる。種類の数から見れば、地球上の生物の七〇～八〇パーセントを占めるそうだ。この世は、虫だらけなのである。昆虫の寒さへの対策は、寒さを防ぐことではなく、寒くなったらそれなりの工夫をして種として生き延びることである。カマキリのように、秋に卵を産み残して死に、春になるとその卵が一斉に孵化し、成虫となって夏を過ごすものも多い。

ハチの中でもアシナガバチやスズメバチは、働き蜂は冬には死ぬが、秋に生まれた女王だけが地中で冬眠する。スズメバチのように次なる女王は秋に生まれ、冬の到来に先立ってそれぞれ一定の越冬場所に身をひそめ、飲まず食わず動かずで、春の訪れを待つものもいる。この場合、なまじ固有体温を持たないことが有利である。体温が下がるとともに代謝も減り、食物の補給もいらないし、天敵に襲われる心配も少ない。

春先にスズメバチやアシナガバチを見かけたら、それは女王ということになる。最初の女王は、一匹で巣を作り子育てをする。二〇一六年四月、宮崎県日南市でツマアカスズメバチ一匹が見つかり、大騒ぎになった。検査したら女王だった。女王一匹のうちに駆除されたので、その後は見つかっていない。

昆虫のハチ目の中には、植物の葉を食べる葉蜂類、他の昆虫に卵を産みつけてそれを餌とする寄生蜂、そして有剣類に分けられている。有剣類ではアシナガバチ、スズメバチなどの肉食系と、ミツバチなどの花蜂の草食系がいる。肉食系は狩り蜂とも呼ばれている。

ミツバチ

ミツバチも他の昆虫と同様に変温動物であり、固有の体温があるわけではない。しかも一個体としてのミツバチは、寒さにきわめて弱い。多くの昆虫が零度以下でも生存できるのに、ミツバチは五度ぐらいで死んでしまうそうだ。外気温が十度以下になると、巣箱の外には出て行かない。それで、冬にミツバチを見かけることは宮崎でも少ない。それが氷点下の冬を越す術を持っているというのだから不思議である。

ミツバチは、アリと同じように社会を構成する昆虫である。人間が一人で生きていけないように、ミツバチも一匹では生きていけない。一匹では温度を調整し、餌を与えても三日も生きないそうだ。ミツバチは社会を構成するだけに、集団としての行動は人を惹きつけ、ハチの群れに人間社会を見るような気になる。ミツバチは集団で生活を営む昆虫で、一国一城の主が女王と呼ばれている。一群が一個体のような行動は、人を惹きつける。

ただ、ミツバチの社会といっても、西洋ミツバチと日本ミツバチでは行動が異なり、興味をかき立てられる。

アシナガバチ

アシナガバチの巣

アシナガバチは身近に見かけるハチで、軒下や庭木の枝に直径五〜一〇センチぐらいの巣をつくる。ハスの花が咲き終わったような形をしている。アシナガバチの巣は、人との接点も近いので、刺された人も少なからずいると思う。

アシナガバチは一匹で行動する。木の葉っぱに停まって、うろうろと何か探している。しばらく見ていると、葉っぱについている蛾や蝶の幼虫を食べて肉団子にしているところだった。肉食のハチということがわかる。

アシナガバチの餌は、おびただしい数の芋虫や青虫である。彼らは、私たち人間が害を受けないようにバランスを保ってくれる味方ということである。それなのに、人間は他ならぬ自分自身の味方に農薬という砲火を浴びせかけるようになった。

巣箱に入り込んだオオスズメバチ

スズメバチ

スズメバチにもいろいろな種類がいる。宮崎でよく見かけるのが、オオスズメバチ、黄色スズメバチ、小型スズメバチである。図鑑では、オオスズメバチは体長四一ミリ、黄色スズメバチが二二ミリ、小型スズメバチが二四ミリと記録されている。実際に見るオオスズメバチは生きて動いているせいか、五センチぐらいに見える。

最近、スズメバチが市街地でもよく見られるようになった。我が家の近くでも十一階建てマンションの下の花に小型スズメバチが何匹も来ていた。また、宮崎市内でも垣根に植えてある山茶花《さざんか》の木に、人の頭ほどの小型スズメバチの巣があって駆除した。

昆虫の世界では、オオスズメバチは食物連鎖の頂点に立っている。ミツバチとオオスズメバチの戦いを見ていると、オオスズメバチもミツバチに勝るとも劣らず、賢い。身体が大きいだけでなく、戦い方は緻密な計算の上でミツバチを攻めている。それ故にミツバチにとっては、天敵ともいえる存在である。

食物連鎖の頂点に立っているはずのオオスズメバチも、地中に潜って冬を越せば我が世の春かと思うが、そうでないらしい。地中にはモグラをはじめ、様々な動物や微生物がいる。その中でも、冬の間に昆虫などに寄生する「冬虫夏草《とうちゅうかそう》」という菌糸を形成するキノコがある。春から夏にかけて茸《きのこ》を成育させる。冬が虫で夏には草のように見えることから、「冬虫夏草」と呼ばれている。地中にいる昆虫に子嚢菌《しのうきん》などが寄生し、地上にキノコ（子《し》実体《じったい》）を生じたものである。寄生する昆虫によって、ハチタケ、セミタケ、アリタケ、クモタケと呼ばれている。

ハチタケは、落ち葉や樹皮の下で越冬するスズメバチの女王蜂に感染し、初夏にキノコを立ち上げる。感染源の菌糸や胞子は落ち葉の間などに残り、そこに潜り込んでしまったハチが犠牲になるようだ。

オオスズメバチは、秋にミツバチを襲って丸々太り、腐葉土の中に潜り込んで、冬を越す。しかし、オオスズメバチの女王は、ハチタケのおかげで、全部が全部春を生き延びて、地中から出てくるわけでもなさそうだ。自然は不思議なことばかりで、ある種ばかりが栄えないようにバランスをとっている。絶滅危惧種の話がよく聞かれるように、この自然界のバランスが人間の都合で破壊され続けている。

西洋ミツバチというハチ

近頃、花粉を媒介する昆虫や鳥などの生き物が少なくなったという声がよく聞かれる。花が少ないのか、昆虫や鳥が少ないのか、はたまた花や昆虫を見る機会が少ないのかよくわからない。

最近は花といっても、パンジーやポピーといった花壇を飾る花が多い。春はミツバチが飛び回るのが当たり前だった。それは、働き蜂が女王や幼虫の食べ物となる蜜や花粉を一生懸命に運んでいる姿なのである。この行動は、植物が蜜を提供する代わりに受粉を手伝ってもらう花粉媒介（ポリネーション）という重要な働きを担っている。昆虫による受粉という作業がなければ、植物は子孫を残すことはできない。

菜の花やレンゲなどで見かけるのは、多くは西洋ミツバチである。ミツバチには、西洋ミツバチと日本ミツバチがあって、一般的にハチ蜜を採るために飼われているハチは、西洋ミツバチである。一匹のハチを見ただけでは、素人目には日本ミツバチとの見分けがつきにくいが、西洋人と日本人の違いとでもいうべきか、西洋人は一回り大きく肌の色も違うように、西洋ミツバチも日本ミツバチより一回り大きく黄色い縞模様をしている。

西洋ミツバチ

西洋ミツバチの飼育は、蜜を貯める巣枠を箱の中に並べて取り出せるようにしてあり、管理しやすいようにしてある。養蜂家は、この巣枠を持ち上げて女王の確認、産卵状況、貯蜜の状況、病気やダニが発生していないかなどを点検している。西洋ミツバチは、牛舎で乳牛が並んで飼われているように、家畜として人工的に管理しやすいようにしてある。今では、西洋ミツバチは家畜どころか、ハチ蜜生産よりもビニールハウスでの野菜栽培の受粉用に使われるため、農業資材として扱われるようになった。

西洋ミツバチは明治の開国とともに、同十年（一八七七）に日本に輸入されて、それまでの在来養蜂に代わって普及したものである。西洋ミツバチは農産物の自由貿易の先駆けともいえる存在である。西洋ミツバチはハチ蜜を集めるだけでなく、農産物の受粉にも貢献してきた。その後、自由貿易、国際交流、グローバリゼーションの名のもとに国境の垣根が低くなり、ミツバチ以外の外来種も多く入ってくるようになってきた。

西洋ミツバチは、日本ミツバチの五倍から十倍くらいの蜜を集め、養蜂が業《なりわい》として成り立つため、日本ミツバチ以上に広く分布するようになった。春の花の多い時期には、「一カ月に三回も四回もハチ蜜を絞った」と西洋ミツバチを飼っている人から聞いた。乳牛と同じように絞ると表現している。実際には蜜の貯まった巣枠を遠心分離器にかけ、蜜を採るのである。この巣枠を取り出すときや点検のとき、ミツバチをおとなしくさせるため煙を吹きかける燻煙器が使用される。白い服装に網付きの帽子を被って燻煙器で吹きかけながら作業するというのが、一般的な作業風景である。

西洋ミツバチを二十箱飼っている知り合いは、「一年で四百キロの砂糖を使った。だから割の合う商売ではないよ」と言っていた。一年に一箱当たり二十キロの砂糖を必要とするということである。長雨だったり、冬が長く開花が遅れると、砂糖の消費も多くなる。

西洋ミツバチ飼育

つまり、給餌《きゅうじ》しなければならないということは、本来その地に棲《す》めない外来種ということである。外国産のハチ蜜が大量に輸入されるようになり、養蜂業が成りたたなくなれば西洋ミツバチもいなくなるかもしれない。

西洋ミツバチは女王を育てる王台ができたら、養蜂家は針で刺して女王を殺すそうだ。今までの女王が高齢化して産卵能力が落ちると新しい女王一匹を残して更新するそうだ。分封《ぶんぽう》のたびに大事な蜜を抱えて逃げられたら、養蜂家にとっては元も子もない。

西洋ミツバチも分封すると行くところがないの

西洋ミツバチ蜂球

か、日本ミツバチの待ち箱に入ることもある。今までに何回か棲みついたことからすると、養蜂家が管理が行き届かなくて分封したものだろうと推測している。趣味で西洋ミツバチを数箱飼育する人もいるので、この人たちのもとからかもしれない。

西洋ミツバチは、乾季と雨季がはっきりしているアフリカのサバンナ地方で生まれたといわれている。サバンナ地方では雨期後に一斉に花が咲くため、効率的に蜜を集める習性を身につけたといわれている。それで、レンゲの時期にはレンゲの蜜を、菜の花、桜の花と、一斉に咲くその花の蜜だけを集める。花が少なくなると、いろんな花の蜜を探し回る。ミツバチでも、西洋ミツバチは効率を求めているようだ。

西洋ミツバチの越冬の成否は、働き蜂の数とそれに対する貯蜜量、それに冬季の温度条件で決まるそうだ。越冬入りに際して貯蜜量が不足しているときは、蔗糖液を給餌しなければならない。越冬のもう一つの解決方法は、秋に暖かい地方に転送することである。これは越冬のみでなく、開花の地域差を利用する「転地養蜂」として現に行われている。大手の業者は、沖縄から北海道まで移動するようで、宮崎でも冬には多くの巣箱が日当たりの良いところに置いてあるのが見受けられる。

ただ、今では養蜂業者数もピーク時に比較して半減しており、西洋ミツバチを見かけることも少なくなってきた。

日本ミツバチというハチ

西洋ミツバチに対して、日本古来のミツバチが日本ミツバチと呼ばれている。西洋ミツバチが人間の管理のもとでしか生きていけないのに対して、日本ミツバチは自然木の虚《うろ》や、飼い主がねぐらとなる巣箱を提供してやれば、勝手に棲みつく。基本的に転地養蜂できない日本ミツバチは、地バチとも呼ばれ、その地に適した在来種である。それぞれの場所に密着した行動となって植物に貢献している。

日本ミツバチの蜜は、百花蜜と呼ばれる。それで効率は悪いが、目につかない小さな花の蜜と花粉を集めてくる。その時季のあらゆる花の蜜を集める。西洋ミツバチが輸入されて以来、日本ミツバチは菜の花やレンゲの花は西洋ミツバチに譲り、椎の木やクロガネモチなどの木に咲く目立たない花に向かっている。ただし、西洋ミツバチがいなければ、菜の花や草花にやってきて蜜を集めている。

日本ミツバチ

クロガネモチと日本ミツバチ

菜の花と日本ミツバチ

　日本ミツバチは古来より樹木の空洞部分を棲処として営巣してきたが、何故か最近では人間の多い都市部にも現れるようになってきた。春になると、分封したハチの大群が各所で見つかり、信号機に大群が押し寄せたとニュースになったりする。今では、都市部の方がミツバチも多いような気がしている。最近日本ミツバチの話題が多いのは、都市部で西洋ミツバチが少なくなり、日本ミツバチが復活している証《あかし》でもある。

日本ミツバチは普段はおとなしい。人を気にせず、脇目も降らず一生懸命に働いている。人に攻撃するのは、採蜜や巣箱の掃除などをするときである。西洋ミツバチは燻煙器を使っておとなしくさせるが、日本ミツバチはそれほどの必要はない。採蜜などのとき、あまりにも騒ぐときには、霧吹きで水を拭きかければおとなしくなる。霧吹きの水に雨が降ってきたと思うらしく、急いで巣箱の中に入っていく。

日本ミツバチの行動は、天候に左右される。雨の日や、気温が十度以下では巣箱の外には出て行かない。毎日のように雨が降る梅雨ともなれば、今まで貯めたハチ蜜を消費して雨が上がるのを待つ。夏であれば、雨の合間にも脱糞なのか、蜜集めなのか、元気に飛んでいく。

日本ミツバチは、何万年も日本列島に棲みついた日本古来のミツバチである。日本の自然環境に適応してきたハチだけに、スズメバチとの戦いや巣を守る知恵も西洋ミツバチと異なる。巣箱の中は、親の女王蜂が産んだ子どもたちばかりであり、みな姉妹《きょうだい》なのである。それだけに、結束も堅い。巣箱を揺すったり、叩いたりしようものなら、一斉に出てきて攻撃するのもうなずける。

働き蜂――内勤と外勤

ミツバチの社会は、生まれながらにして仕事が決まっているカースト社会といわれている。働き蜂のイメージは、人間社会では雄《おす》のことであるが、ミツバチの社会では雌《めす》である。働き蜂の一日の労働時間は、外気温や天候に大きく左右される。夏は日が昇って沈むまで働く。冬は昼間の暖かいときしか働かない。木枯らしの吹くような冬の寒いときには全く巣箱から出てこず、小春日和になると昼間盛んに活動する。気温が十度以下になると、巣箱の外には出て行かない。日曜祭日はなく、雨が降れば休む。夏であれば少しの雨の合間にも出かけていく。巣箱の中では、考え事でもしているのかなと思うくらい静かなときもある。

働き蜂にも内勤と外勤がある。外に出かける働き蜂の何倍何十倍ものハチが巣箱内で生活している。内勤バチは専業主婦のようなもので、子どもの世話や掃除などいくつものの家事に追われている。外勤バチは昼間の仕事で疲れるのか、夜はよく眠るらしい。睡眠中のミツバチは触角が下がり、脚が体の下に畳まれているので見分けられるそうだ。

巣箱内の働き蜂は何もせず休んでいて、かなりの蜂は巣内をぶらぶら歩き回っているだけのように見える。働いていないように見えるが、実際は子育てや家事労働をしながら家を守っている。この大量の内勤バチがいるおかげで、敵の襲撃など緊急事態にもコロニーは適切に対応することができるのである。

内勤バチ

卵から羽化するまでの働き蜂の生育日数は十九日。内勤の働き蜂の仕事は、羽化してから日齢によっていろいろある。まずは、自分が生まれてきた巣穴を掃除する清掃蜂、その後女王や巣穴にいる幼虫の世話をする育児蜂、それから巣を大きくする建築蜂、蜜をためる倉庫番、そして守衛蜂と役割が決まっている。羽化して二十日ほどは内勤バチとして働き、その後は外勤バチとなる。外勤バチより内勤バチの方が圧倒的に多い。子どもは家族（コロニー）

外勤バチ

の宝であり、子育ては保育園のように皆でする。

外勤バチは、たまには収穫した蜜を自分で消費するものもいるのではないかと思うが、そうでないらしい。働き蜂は、自分の体重の半分ほどの花の蜜を集めて戻ってくる。鵜飼の鵜に似ていて、口から蜜を飲み込むと食道の先がそれを貯める袋になっていて、袋と消化管の間には弁があり、その弁が採餌飛行中は閉じっぱなしで開くことがない。鵜飼の鵜の首が紐で縛られ、魚が喉を通れなくされているのと同じことだ。私利私欲を捨てて、家族のために尽くす「滅私奉公」の世界である。収穫した蜜は持ち帰ったら全部吐き出し、内勤バチからその日の弁当をもらってまた出ていくのである。

外勤の採餌蜂も、蜜を集めるものの、花粉を集めるものと別れているらしいが、どちらも一緒に運んでいるハチもいるようだ。見ていると、後ろ足に米粒くらいの花粉団子を抱えているものもいれば、やっと目につく程度の小さなものをつけているハチもいる。こういうハチは両方だろう。

ハウス栽培では、受粉させて結実させるのにミツバチが使われている。ハウス内に放たれたミツバチは、いつも狭い範囲にたくさんの花があるため、過剰労働となっているようだ。それが寿命を縮めるらしく、幼虫の成長による働き蜂の補充が間に合わなくて、コロニーが壊滅するともいわれている。ストレスも多く、「過労死」と呼べる現象である。

雄　蜂――交尾が終われば死のとき

ミツバチは、受精卵からは雌、無精卵からは雄が生まれる。受精しないと子どもは生まれないとばかりに思っていたら、ミツバチは雄を産むのに精子を必要としないそうだ。卵から羽化までの生育日数は、二十一日とのこと。働き蜂より二日、女王蜂より六日も長く巣穴で暮らす。

宮崎では一月の末には梅の花が咲き始め、花粉を運ぶ姿が巣門前で見られるようになる。梅の開花が合図なのか、春の分封の準備が始まるようだ。繁殖期の分封の季節になると、雄が生まれるようになる。雄蜂の巣房に蓋かけされると、小孔があるのが特徴である。雄蜂巣蓋《そうがい》が落下すると、働き蜂が外に運び出す。巣門の外にこの巣蓋が見られるようになると、分封も間近い。

雄　蜂

雄蜂巣蓋

一つの巣に一万数千匹のミツバチがいる場合、雄はそのうちわずか数百匹だという。彼らは生殖のためだけに育てられる。巣の外へは、他の巣の女王蜂との交尾を夢見て出かける。交尾飛行は、十三時から十五時が多い。幸いにも交尾を終えた雄蜂は、なんとその瞬間に生殖器が引きちぎれて死んでしまう。一回限りというところに、雄が主導権をとれない理由があるような気がする。交尾に失敗した雄は、巣に帰ってしばらくは面倒見てもらえるが、女王蜂が産卵を始めると巣の外に追い出されて餓死する運命にある。交尾飛行に出かけ、男子の本懐を遂げるものもいるが、家では歓迎されないとなれば巣に戻らない雄もいるのではないだろうか。

「亭主は元気で留守がいい」と言われる雄の宿命か。分封が一段落して働き蜂が忙しく出入りするようになると、雄蜂はいつの間にか見られなくなる。飼い始めの頃、西洋ミツバチを飼っているおじいさんが来て、「こんやつは働かないで、ただ飯食いだから十匹もいればよい」と指でつまんで潰《つぶ》されたことがある。交尾以外の時は、ただ遊んでいるだけという厄介ものであるというのである。

分封の季節でない十二月の始め、雄蜂が引き出されている場面を知り合いのところで見た。働き蜂産卵とばかりに思っていたら、雄蜂の大きさも分封時の雄蜂と変わらず、働き蜂の方が多いくらいだった。十一月に暑い日が続いたので、働き蜂たちが季節を間違ったのか、女王に雄蜂を産卵させたのではと思った。それが巣門前で喧嘩しているかのように働き蜂に抵抗しているのである。取っ組み合いながら巣門から落ちると働き蜂が噛みつき、ほとんど抵抗しなくなるまで引っ張ろうとしている。それがあちこちで取っ組み合っており、雄蜂は働き蜂の噛みつきから身を守ろうと必死に抵抗しているようだ。働き蜂は毒針は使わず、「口撃」なのだ。

引き出された雄はどこにも行くところがなく、追い出されるまま、どうしていいのかわからないのだろう。数年前にも、働き蜂数の多い強勢群が十一月末に分封したと思われることがあった。雄は働かなくても、いるだけでも安心感を与えているとは考えられないのだろうか。

人間の雄も、退職後は性転換したつもりでこまめに家事労働をすることが必要だと思うが、還暦過ぎると身体がついていかず、顎《あご》の方だけが活発になる。しかし、働き蜂の「口撃」にはかなわない。子どもが父親に感謝することはあっても、父親の味方になることはほとんどないのはわかるような気がする。

女王蜂――子孫残すのが仕事

一万数千匹のミツバチの大群の中に一匹しかいない女王蜂。卵から羽化するまでの生育日数は十五日で、働き蜂より四日、雄蜂よりも六日も早く産まれる。寿命は三年程度と言われている。女王が巣内を統制し、働き蜂に命令しているのかと思っていたが、そうではないらしい。女王は卵を産むだけで、働き蜂に促されるまま卵を産んでいるのだそうだ。

一万匹を超える群の中に一匹しかいない女王蜂を探し出すのは容易ではない。ましてや巣箱の中では、なかなか見ることができない。女王は、普段は巣箱から出ることはない。外出するときは分封、交

女王蜂

尾、逃去の時である。見られるのは、分封時の蜂球や巣枠式で飼って観察できるときぐらいである。女王蜂は、働き蜂の倍近い大きさである。それが高カロリーと運動不足となれば、メタボリックシンドロームは必然かもしれない。

一回の交尾飛行で十匹前後の雄と交尾し、精子を貯めこむ。そして産卵の時、精子を振りかければ雌で働き蜂となり、無精卵が雄蜂となる。この産み分けは、働き蜂が巣穴の大きさを決め、女王蜂がわずかな大きさの巣穴の違いを感知し、産卵する。

女王は卵の状態では働き蜂と同じであるが、王台という特別室で育てられる。特別な部屋でローヤルゼリーを与えられることにより女王蜂として大きくなる。王台は十個程度つくられるが、交尾した雄の数だけ作るのか、産まれてきた女王の遺伝子を調べればなければわからない。女王蜂の寿命は、三年程度といわれ、働き蜂や雄蜂と比較すると、遥かに長生きである。

日本を形作った三世紀頃の邪馬台国の卑弥呼や聖徳太子を摂政とした推古天皇も女性であった。十八世紀頃までは、過去には何人もの女性天皇が存在していた。「元始、女性は太陽であった」という言葉が思い起こされる。女性解放運動の先駆者として知られる平塚らいてうが、雑誌に寄せた言葉である。明治維新を成し遂げ、雄の時代の到来に高揚していた時、女性の存在を強く意識させた言葉とも思える。

生物は女系社会で持続する

生物は、雌が主体で種の存続がなされている。下等（?）な生物は、雌雄同体であったり、雄が雌に転換するものがいたり、不思議なことが多い。下等なのか高等な戦略なのかわからない。動物全体としては、雌雄異体のものが多い。カタツムリやミミズでは、体に前後に並んで雄性器と雌性器があり、二個体が行き違うように逆向きに並んで、互いの精子を雌性器に注入し合うのだそうだ。

性転換する生物には魚が多い。黒鯛と言われるチヌは、二歳頃までは雄で、それ以上になると雌の方が圧倒的に多いそうだ。魚は卵を多く産まなければ、成魚になるまでに大半は他の魚に食べられてしまう。成魚になる確率は何万匹に一匹のようだ。昆虫も他の動物の餌食になるのがほとんどで、成虫になって子孫を残せるのはわずかのようだ。多くの子どもを犠牲にして、二匹以上の親にならなければ種の存続はできない。大半の動物は雄と雌に分かれているのに、雄雌の両方の体験をさせてもらえる魚のチヌが羨ましい。

昆虫は交尾して産卵したら個体としての役割が終わり、死んでゆくのが基本パターンである。それ以上生きていても穀潰《ごく》しだからだそうだ。カマキリは、目的とする獲物に静かに近づき、鎌のようになった二本の前足で取り押さえる。秋になると、子孫を残すため交尾するが、交尾の後、雄は雌に食べられることも多いようだ。逃げれば良さそうなものを、頭を食べられてもまだ交尾を続けるそうだ。

交尾しながら雌が雄を食べてしまうというカマキリの話はあまりにも典型的で、雄の役目をあらためて思い知らされる。自分の子孫の産み手である雌に、自身の体を栄養としてプレゼントすれば、卵の孵化率が上昇する可能性がある。子孫繁栄のためとはいえ、雄に生まれた宿命としか言いようがない。

ジョロウグモは梅雨明けの頃から網を架け始め、まだ一センチにも満たない大きさだが、何回か脱皮を重ねてくるとおなかが大きくなり、鮮やかな色になってくる。おなかの大きい鮮やかなのが雌であり、食欲も旺盛である。雌が餌を食べているチャンスを窺って雄は交尾する。雄の大きさは、雌の十分の一もないぐらいで、雌に近づくことさえ怖がっているようだ。まさに、抜き足差し足で雌に近づく。雌は大きく張ったクモの網の真ん中にいて、捕獲したミツバチなどの昆虫を食べている。その時を狙って雄は雌に近づく。餌のお裾分けを待っているのかなと見ていると、網の裏側から気配を感じられないようにして雌のお尻めがけて行く。交尾である。しかし、雌が交尾していることに、気づかれたらおしまいである。気づかれると、雌は餌がかかったと思って、雄を捕まえて食べてしまうことになる。

アユなどの魚や昆虫は、多くの卵を産んで親は死んでいく。鳥類のように卵から雛がかえっても、給餌や外敵からの防衛が必要になると、親もすぐには死ねなくなる。少なくとも雛の巣立ちまでは、親の役割が終わらない。さらに、巣立ちしてからもしばらくの間、一緒に行動して親は若鳥の自力採食につきあい、敵の接近に注意を払うよう身をもって教える。

ツバメが子育てする頃、卵や雛を狙って蛇が木などをよじ登ってくることがあった。蛇が近づいてくると親ツバメが異様な鳴き声で仲間や人を呼び、蛇を撃退することもあった。この時の鳴き声は、人に助けを求めているようだ。日本ミツバチも、オオスズメバチや鳥などの攻撃を受けると、ツバメと同様に人に助けを求めていると思える時がある。

人間を含む哺乳類も、子どもが自立するまでは死ぬわけにいかない。哺乳類の大半は、一回に産む子どもの数を少なくし、年を空けて何回も産むことで確実に育てる方法をとっている。貧しい時代は子だくさんで、豊かになった現代日本は、合計特殊出生率（一人の女性が生涯に産む子どもの数）は二人を下回って一・四人となっている。人間は子どもが自立しても、子や孫のことが心配なのか、いつまでも死ぬ気になれない。女性は孫の世話などいつまでも頼りにされるが、男性は身体の衰えとともに必要とされなくなってくる。

高等と呼ばれる動物になれば、群れて行動する（社会を構成する）ものも多い。その社会も、女王と呼ばれるように雌が主体になっている女系社会が多い。人間社会は、戦国時代や争いの多い社会であれば男主体の社会を形成する。男主体の社会に見えるが、落ち着いてくると女系社会のところも多い。世界経済と関わりの少ないアフリカのある国では、男は働かずに化粧に熱心な部族もいるそうだ。

また、ヨーロッパなど成熟した国では、女性の大統領やリーダーが多い。発展途上国など、戦いの多い国では男性がリーダーとされる。日本はまだ女性の総理大臣は出ていないし、議員や管理職の数が少ないなど、先進国の中では女性の社会進出が遅れているといわれている。そういう意味では、日本はまだまだ安定し成熟した社会とはいえないのかもしれない。

どこの国であれ、戦争に負けても命をつないできたのは女性である。戦争や危険な行動は雄に任せて、雌はできるだけ子孫を残せるように、食料の安定、社会の安定を望んでいるのが世の常のような気がする。持続できる社会を維持していくには、女性の社会進出が必要不可欠といわれるはずである。現代は、女系社会へ進化していく過渡期にあるのかもしれない。

世界の国々の中で王制を敷いているところは、安定している国々が多い気がする。イギリスや日本のような体制では、実権は政府にあっても王はシンボリックな存在である。女王は君主であり、象徴である。実権はなくとも女王フェロモンに、皆惹きつけられる。

ミツバチのコロニーにはリーダーがいないといわれている。リーダーがいなくても見事なまでに統制の取れた女系社会を構築している。無精卵からは雄、受精卵からは雌が生まれるミツバチ社会では、雌主体の社会を維持するために一時的に雄が存在している。雌の多い社会や雌が優先的に食料にありつける社会は、安定した社会ともいえる。一家族のミツバチ社会は、永遠には続かないが、巣別れの分封というドラマを経て種が存続できるように努力している。女王一匹が産卵し、女王の子どもを育てる働き蜂は皆姉妹で、家族を守るために働いている。その姿に人は惹きつけられる。

ポリネーション（受粉）

最近、受粉を担うハチが少なくなったというので、〝小型ドローンで受粉〟という新聞記事があった（二〇一七年二月十二日　宮崎日日新聞）。自然を相手にする受粉だけはロボットでもできないと思っていたら、昆虫サイズの小型ドローンと特殊なジェルを使って人工的にユリの花に受粉することができたという研究成果が発表された。「農作物の受粉に必

ドローン

要なハチは世界的に減少しているとされ、大きな問題になっている。将来的にはＡＩ（人工知能）などを活用して、本物の蜂の代わりに受粉するものを作りたい」としている。

もともと、ドローンという言葉は、雄蜂（または「ブーン」というハチの羽音）という意味らしい。働かないので、怠け者といわれる雄蜂を働かせようというのだから、皮肉なものである。雄蜂は、交尾以外は何もしないといわれるが、交尾以外はドローンで賄《まかな》われるのかと思うと雄の無力さに切なくなる。本来、受粉など働き蜂の仕事だったのが、ハチが少なくなったので怠け者の雄蜂を人間が働かせるようにしたという、皮肉な話である。

十数年前、母が近所の人に立派なスイカをもらったので、母が「人工受粉はするの？」と聞いたら、「それはチョウチョウ（蝶々、町長）さんの仕事だから、チョウチョウさんに任せているのよ」と言っていたのを思い出す。昔は町長さんが身近で信頼されていたということか。今では市町村合併が進んで、町長さんが少なくなったので、チョウチョウさんの仕事ではなくなったようだ。

ミツバチをめぐる問題は、今や農業だけの問題ではない。ミツバチは、そもそも野生植物の受粉を行うため、巡り巡って植物により生命を保っている動物の世界も支えている。あらゆる動物は、植物なしでは生きていけない。その植物の受粉を行うミツバチは、植物と動物の懸け橋となっているのである。

世界の約三十五万種の被子植物の内、八〇パーセントが動物によるポリネーション（受粉）によって種子を残す。花粉媒介には一部の鳥類やほ乳類・爬虫類も含まれるが、圧倒的に昆虫類が多く、約二十万種の植物に授粉しているといわれている。

群れで生活する社会性ハナバチは、自然界の植物にも農作物にも重要な存在となっている。とりわけ人類が飼育に成功したミツバチは、農業に最も広くかかわる種である。全農作物の約三分の一は受粉を必要とする。

世界的な人口増加は、食糧生産のための農地の開発による自然破壊をもたらし、あらゆる動物の棲息場所を奪ってきた。加えて作物の害虫駆除に使用される農薬が、さらに花粉媒介生物を減少させている。飼育されている西洋ミツバチには人工の巣箱があり、よりよい環境を求めて移動することもできる。しかし、自然界の昆虫は営巣場所が失われれば、そこでは生存できなくなる。それが故に、「在来種」と呼ばれ、貴重な生物として扱われている。

外来種との棲み分け

グローバル化とは、ヒト・モノ・カネが世界中に流れる現象といわれている。欧米では移民問題が大きな政治課題となっている。日本でも、大都会はコンビニや作業現場などに、地方では農業や漁業に、外国人の従事者が多く見られるようになってきた。ここ何年かの間に急に増えたような気がする。スポーツなどは外国人の活躍が目立つ。一方、日本人も野球やサッカーなど外国で活躍している選手は多い。また、ハーフと呼ばれる日本人と外国人との間に生まれた選手の活躍も目を見張るものがある。今では、あらゆる産業が異国との交流なしには成り立たなくなっているようだ。

江戸時代までは外国との交流は限られていたが、明治維新以降になって急速に西洋との交流が盛んになった。それに伴って、海外からさまざまな生物が侵入している。目的の生物だけでなく、それに付随して日本になかったウイルスや細菌まで入ってくることになる。さらに、緑亀のようにペットとしての飼育が目的で輸入した生物を捨てたり野に放したりする無責任な人もいる。

このようにして国内に入った外来生物は、環境の違いから生存や繁殖することができずに死んでしまうものがほとんどであった。それが、最近では温暖化により定着するようになってきたといわれている。外来種は敵とばかりは言っていられなくなった。植物に至っては、農産物にしろ、花や植木にしろ、ほとんどが外来種となっている。

昆虫では、ヒアリやセアカゴケグモなど毒性のあるものが発見されると大騒ぎになる。ハチの世界でも今まで日本にいなかったツマアカスズメバチが、先述したように二〇一六年四月、宮崎県日南市で発見された。このハチは二〇一二年に長崎県対馬市で発見された外来のスズメバチである。原産地は中国、台湾、東南アジアで、在来のスズメバチよりも大きな巣をつくるそうだ。樹木の高い位置に営巣することが多いのが特徴とのこと。対馬市で急激に分布を拡大していて、九州や本州に侵入する可能性があるので、警戒が必要との通達が県農林振興局から出された。

西洋ミツバチも外来種である。西洋ミツバチは日本ミツバチより強い。菜の花、レンゲなど西洋ミツバチが多くいる場所へは日本ミツバチは行かない。西洋ミツバチがいないと日本ミツバチも菜の花やレンゲに向かう。日本ミツバチは西洋ミツバチとも棲み分けしたいのだろうが、西洋ミツバチは人の都合で巣箱を花のあるところに持ってくるので、トラブルも起こる。その西洋ミツバチも、外国産の安価なハチ蜜が輸入されるようになり、急激に減っている。養蜂業者はピーク時の半分以下に減少しているそうである。

外来種の西洋ミツバチは、日本に定着しているように見える。ところが、西洋ミツバチは日本の自然界では天敵のオオスズメバチがいるので、人間が保護してやらなければ生きていけない。雪の降らない地方で自力で越冬できたとしても、秋にはオオスズメバチが探し出して捕食することになる。日本の自然界で西洋ミツバチが生きていくのは厳しい。オオスズメバチがいなければ、日本ミツバチは西洋ミツバチに滅ぼされるところだった。日本ミツバチは、西洋ミツバチの天敵のオオスズメバチのおかげで生き延びてきたともいえる。

ミツバチの行動範囲

ミツバチを飼っていると、どこまで飛んでいくのだろうとミツバチの行き先が気になる。巣箱を飛び立ったら、十数メートルは見えるが、速くて小さな身体なのでそれから先は目で追えない。人間は、自分の足で行動できる距離は知れている。ただ、人間は二足歩行することによって手が使えるようになり、進化してきた。人間の移動手段は、文明とともに発展し、車や飛行機で遠くまで行けるようになった。

ミツバチの行動範囲は、二キロから三キロという。日本ミツバチの働き蜂は、体長約一センチである。体長の比で考えれば、人間の伸長を一七〇センチとすると、その行動範囲は人間にすれば、三四〇キロから五〇〇キロに匹敵する。宮崎から福岡や大阪辺りまで毎日通勤しているようなものである。それも、何回もである。しかも、自分の体重の半分ほどの蜜や花粉を抱えて帰ってくる。巣門近くでは、帰ってくるハチは荷物が重いのか下の方を飛んでくる。逆に、出発するハチは勢いよく上の方を飛んでいくのがわかる。

これほどの距離を行き来しながら、元いた位置を確実に覚えていて帰ってくる。一キロ先に巣箱を移動させても、元のところに戻るようだ。巣箱を家の前から後ろに移し変えようとするなら、一旦二キロ以上先に巣箱を持っていって、元の位置を忘れた頃に二週間ほどして家の裏に置く。巣箱を一メートルも動かしただけで、元の位置に戻ろうと大騒ぎになる蜂の世界は、住み慣れた故郷や家族を守る意識が人間よりも高いようだ。親と家族のいる家に何としてでも帰ろうとする。

西洋ミツバチは、前に述べたように「転地養蜂」といって、花を追いかけて人が巣箱の移動を行う。花のある場所にやっと慣れたかと思うと、次なるところへ仕方なく移動させられる。人にすれば、海外転勤を命ぜられるようなものである。こうなれば前の居場所を諦めるしかない。そのためか、西洋ミツバチは場所が変わっても逃げようとはしない。

空から自然環境を眺める大局観とミリ単位で足元を見つめるミツバチの行動は、人を惹きつける。

第二章　日本ミツバチの不思議

ハチの研究者はすごい

ミツバチを眺めていると、巣箱の中の様子が知りたくなる。そのため、覗き窓やアクリルの透明の窓を付けたりしてみたが、一部は覗けても巣箱内の様子はわからなかった。研究する人にとって巣内での成虫の動きを捉えるには、ガラス張りの観察巣箱が必需品だ。昆虫展の展示場でこのような巣箱を見たことがあるが、数多くのハチを眺めているだけでは、目移りするばかりで行動はわからない。女王蜂の確認や働き蜂の数さえ数えられないのに、飛んで行く距離、寿命など、どのように調べることが出来るのだろうと疑問に思っていた。

成虫ミツバチの動きを捉えるには、どうしても行動を追い続けなければ、わからないことばかりである。そのための手段が「個体マーク」である。一匹一匹の背に直接数字を貼り付けて番号を打った成虫の動きを追っていくのだそうだ。ミツバチでそんなことができるのかと思っていたら、実際に行った人がいた。それが昭和元年生まれの坂上昭一という人である。坂上の研究については、『蜂の群れに人間を見た男——坂上昭一の世界』(NHK出版　二〇〇一年)という本にまとめられている。

動物行動学でも、特定個体を継続的に追跡することは、様々な動物の観察に取り入れられている。最近は、サルや鳥や魚などでも、発信器が取り付けられているのをテレビで見かける。日本でのニホンザルの研究は、それまでのサル社会への認識、研究法を大きく変えることになった。ニホンザルの場合、宮崎県幸島では家系までもが追跡調査されている。サルなどの哺乳動物ならまだしも、どのようにして小さなミツバチの身体に付けるのか、手袋をしていては仕事にならない。かといって素手では刺される。こういう研究者であれば刺されることには慣れているとしても、刺したハチの方が死んでしまうのでは元も子もない。追跡調査もできなくなる。ミツバチの背中に番号を付けるなんて、研究者はすごい。こういう場面を見てみたいものだ。

ある本によれば、羽化したときにハチの背中に小さなマイクロチップを装着させ、一生にわたって収穫活動を追跡できるのだそうだ。ハチについて素人が疑問に思ったことのほとんどは、この坂上昭一という研究者が解明している。研究者というのは、ここまで考えて実験や解明を追求していたのかと、あらためて頭が下がる。こうした研究が、ノーベル賞を受賞したドイツのフリッシュによる〝8の字ダンス〟発見という成果を生んでいるのである。

生存競争において「知ること」は力となる。ミツバチにとっても同様である。知識を獲得するための方法は、原則として本能、学習、情報交換の三通りがあるのだそうだ。背番号をつければ、日齢、飛ぶ距離、訪花の種類や回数などがわかる。餌場の距離を段々に伸ばしていくと、次にはどの辺りに蔗糖《しょとう》液が置かれるかを想定するなど、学習能力が高いことなどが観察されている。背番号が振ってあるので、どのハチが勤勉かなど我々では考えられないことまで調べてある。そして、ミツバチの記憶力、学習能力の実験が、ミツバチの言葉でもある8の字ダンスの発見に繋がることになったのである。

ミツバチの情報伝達手段としてよく知られているのが、尻振りダンス（8の字ダンス）である。花から蜜や花粉を持ち帰ったら、尻振りダンスで花の場所を仲間に知らせる。花が近いときには、円に近い形で踊り、遠いときには8の字で表すのだそうだ。この尻振りダンス時の微少な上下動から出される振動音の長さがコード化されていて、日本ミツバチは六七五メートルを一秒にコード化しているそうだ。８の字の大きさで距離を示し、太陽と餌場の角度で方向を知らせる。真上を太陽とし、それとなす角度が餌場の方角となるらしい。距離と方向がわかれば、目標にたどり着くことができるというわけである。その上、蜜が豊富で良質であればあるほど活発に踊るそうで、蜜の量や質まで伝えているというのだから恐れ入る。

ミツバチの三千万年の歴史で、「花の色、花の香り、花の形、そして甘い蜜、花を美しく仕立て上げた昆虫という美容師たちの中で、ミツバチは最高の美容師である」と坂上昭一は評価している。ミツバチと花の関係は、動物と植物の共存関係の原点ともいうべき、自然をかたち作る行為の原点でもあったのである。

坂上は、西洋ミツバチと日本ミツバチの〝８の字ダンス〟の方言に似た違いを調べようと、混群づくりに挑戦した話も書いているが、素人では考えつかないことばかりで感心する。群れて暮らすハチを相手に、個と全体という社会の中に身を置く人にも関係ある、切実な問題を考える研究者がいたということだ。ミツバチのように集団生活をする動物は、カーストによる専業化が効率を高めるのだろうと結論づけている。

分封（ミツバチの会議）

趣味でミツバチを飼う人にとって最大のドラマは、分封《ぶんぽう》と呼ばれる巣別れである。春になると新しい女王が生まれ、古い女王が働き蜂の約半分を引き連れて出ていく。それが分封である。分封を始めて見る人は、何事が起こったかと驚く。巣箱のそばで見ていると、辺り一帯がミツバチの乱舞となる。

ミツバチの会議

宮崎では分封は、一般的に三月の末から五月初めにかけて行われる。全国的には桜の開花とともに、分封時期が九州から本州の方に北上していく。

一般的に分封は、一年に三回から四回ある。つまり、一群の親から、三群から四群増えることになる。一群が一個体とすると、子どもが三人から四人生まれて巣立つのと同じである。ミツバチは次の世代が育ったら、親が出ていく。

女王蜂は一回だけでなく、何回も羽化するので、そのたびに先に生まれた長女から妹に譲って出ていかなければならない。そして、最後の女王が親の代の家を守り、発展させることになる。長女をはじめ、家を譲り受けた新女王も、交尾飛行に出なければならない。雄蜂は、この頃まではまだ多数いる。

桜の開花とともに、分封の情報が聞かれるようになる。分封は、雨上がりの蒸し暑いときに行われることが多い。この頃の巣箱の中は、次から次に生まれてくるミツバチでいっぱいになってくる。女王が育てられる王台は、十個程度つくられている。分封は、天候による影響が大きく、雨のときは出られない。雨が降ったりして天気が悪いと、羽化した女王がダブることになる。巣箱内の女王は一人という原則があるので、女王同士の戦いで強い女王が残り、雨上がりを待つ。

最初の分封は、今までの女王が約半分の働き蜂を引き連れて出ていく。にぎやかなハチの祭りである。出て行った後も次から次に働き蜂が生まれてくるのか、残されたハチも悲壮感はなく、何事もなかったように働き蜂、雄蜂が出入りしている。三日から一週間ほどすると、二回目の分封がある。三回目は次の日の場合もあるし、何日か間をおいて出てい

分封蜂球

く場合もある。私が確認したものでは、最高七回であった。知り合いに七十歳を過ぎた人がいるが、足が悪くて毎日草むしりして巣箱を見張っている。何回かは一緒に捕獲したが、逃げたのも含めて七回の分封があった。

人間は子どもが成長したら、子どもが親を残して家を出ていく。昔は子どもに家督を譲ったら、老いた親は隠居していた時代もあった。古い順に出ていったミツバチの集団は、古参の働き蜂が次なる棲処《すみか》を探し回る。長年の経験でどういうところに新しい棲処を見つければいいのか見当がつくのだろう。春先に花を求めているのではなく、低いところを嗅ぎまわっているようなハチを見ることがある。分封までに、次なる棲処の候補地を見つけているようだ。

雄蜂が多くなってきていよいよ分封間近になると、探索蜂が棲処を探し始める。待ち箱に数匹が出入りし、新しい棲処を見つけたら、巣に帰って報告する。この段階では、棲処の候補場所の事前調査のようである。分封した大群は、渦を巻くように舞い上がり、近くの木の枝に集合することが多い。集合したハチたちは、直径十センチ程度の木の枝に子どもの頭ぐらいの蜂球をつくる。そこから探索蜂が新しい棲処を探しに出かける。近くに空箱が数箱置いてあればどの箱にも探索蜂が覗きにくる。そして、それぞれの巣箱の情報を持ち帰っては、「ミツバチの会議」が始まるのである。

ある時、六個の空箱を設置していたら、分封後どの箱にも探索蜂数匹が来始めた。巣箱の周りを回ったり、巣門から中に入って室内を見ては出てくる。人が住宅を探すように、場所、日当たり、形、間取りなど丁寧に見ているようだ。これはいいと思ったら、仲間を呼んでそれぞれに確認させている。時間が経つにつれて多くのハチが来ている箱とそうでない箱がはっきりしてくる。

木にぶら下がっている蜂球の表面では、会議が開かれ、現地情報を検討しているようだ。人から見てもこの箱に決定するだろうなと思う箱に、やがて大群が渦を巻きながらやってくる。不思議なことに、入居前の何分間かは探索蜂がすべて引き上げて静かになり、それから皆を案内してやってくるようだ。

分封のドラマは話が尽きない。孫が生まれるのと同じように、まだかまだかと待つようにハラハラドキドキである。分封の瞬間に遭遇するのは、毎日仕事している人では滅多にお目にかかれない。この感動を味わえるのは、現役を退いた高齢者の特権のような気がしている。

孫分封（少子高齢化社会）

春の分封が一段落した後、六月から七月にかけて分封する巣箱がある。孫分封または夏分封と呼ばれている。強勢群と思われる巣箱から分封する。最初の分封群が入居した巣箱や元の巣箱から、よく孫分封が見られる。最初の分封は、女王が旧女王で交尾飛行に出る必要がなく、入居すると産卵が始まるので強勢群になりやすい。元の巣箱は出来上がっている巣なので、新女王であっても速く強勢群になるからと思われる。分封と同じように、雄蜂が多く出てくるようになり、梅雨の合間の暑い日に見られる。

六、七月は、一万を超える雌（働き蜂）と数百匹の雄が一つの巣箱で生活していることもある。二〇一七年六月のこと、昼時になると、時騒ぎ（外に出る練習）なのか、にぎやかな働き蜂に交じって雄蜂が出てくる。それも存在を誇張するかのように、羽音を一段と大きくしてうろついている。これがあまりにも多いと、いざ分封かと覗きに行く。午後二時半頃、また一段と騒がしくなったので、覗いてみると巣箱から無数の大群が飛び交っていた。そしてそのまま渦を撒きながら空中へ上がっていった。孫分封である。

様子を見ていると、この大群はどこに行くか決めていないようで空中で渦を巻いていたが、隣の家の方に動き出した。とうとう逃げられたかと思っていたら、帰ってくるかのように境にある竹林の上で渦を巻きだし、境界に植えてある梅の木の枝に停まり始めた。しかも地上から二メートルぐらいのところの直径十センチほどの枝に停まり始めた。こうなると、簡単に新しい巣箱に収容することができる。

働き蜂の少ない巣箱の中

初夏の巣箱内は、多くのハチたちで溢れるようになる。それで、半分はどこか遠くに行って新しいエリアを開拓しようということなのかもしれない。梅雨から夏にかけて花も少なくなり、一万数千匹の大群では食料を賄いきれないのだろう。「孫は育ちにくい」といわれる。分封の順番からいえば孫であるが、実際は古い方が出ていくので、おばあさん女王が出ていくことになる。三年目ぐらいのおばあさん女王は産卵能力も低く、働き蜂が少ないので自然消滅していくのである。

ある知り合いのところで見たのは、秋に三十数匹の働き蜂と一匹の女王が生き残っていたが、一カ月もしないうちにいなくなった。女王が産卵しなければ、若い働き手はいない。巣箱内の働き蜂も高齢化したものばかりで、老々介護の状態なのだろう。少子化が進むと、やがては限界集落となり、消滅の道を辿ることになる。一匹の女王と限られた歳老いた働き蜂は、倉庫に貯めてあるわずかばかりの蜜を消費して死を待つのだろう。こういう女王は何群もの後継者を育て、寿命を全うしたということになる。人の社会では、九十歳を超える高齢者は圧倒的に女性が多い。まさに女王という存在なのだとあらためて思う。

日本ミツバチを惹きつける不思議なラン

日本ミツバチを飼育して何年かすると、日本ミツバチを惹きつける不思議なランがあることを知る。西洋ミツバチはこのキンリョウヘンに全く興味を示さないのだから、神秘的というほかはない。「金陵辺」と呼ばれ、このランを手に入れると捕獲の確率が高まるという。キンリョウヘンは中国南部に自生している東洋ランの一種である。シンビジュームの仲間で、ランの花としてはあまり人気がないそうだ。それがミツバチを飼う人に人気があり、春になると植木市などで買い求める人が多い。日本ミツバチとキンリョウヘンの不思議な関係があればこそ、人に知られるランとなったようだ。

キンリョウヘン

東洋ランは、中国ではミツバチランと呼ばれて、ミツバチが寄ってくることは昔から知られていた。日本ミツバチは東洋ミツバチの亜種である。何千万年か前に日本列島がユーラシア大陸と陸続きであった時に、日本ミツバチも大陸から渡ってきたのだろうといわれている。日本列島が大陸から離れ、日本海ができて島となってから固有の進化を遂げたのが日本ミツバチなのである。それが、江戸末期に東洋ランが日本に輸入されて、日本ミツバチと出合った。日本ミツバチは遺伝的にキンリョウヘンの匂いか花の誘惑を覚えていたということなのか、キンリョウヘンに群がることがわかった。何万年前もの記憶がよみがえったのである。

キンリョウヘンの開花時期は、その地域の分封時期とだいたい合っているといわれている。日本ミツバチの分封群の探索蜂がこの花を見つけると、花に酔ったかのようにランの花の上で激しく動き回る。喜んでいる様子が人にもわかる。このランを待ち箱に添えると、ランの花に引き寄せられた分封群が塊となって群がる。そして、雪崩を打ったように待ち箱に入っていく。ランの花に分封群が直接停まると、ミツバチの熱のせいか焼けたようになって枯れる。そのため、玉ねぎネットなどの網をランに被せて直接触れないようにしておくことが必要となる。そうすれば、何回かは使える。

キンリョウヘンに集合

これほど日本ミツバチを惹きつけるのならと、今ではキンリョウヘンを五十鉢ほど育てている。ところが、自分で育てると全部が全部、花芽がつくわけではない。また、花芽がついたとしても、なかなか分封時期と会わない。ランの開花が思うようにいかないと、地球温暖化や異常気象のせいではと思ってしまう。

今では、キンリョウヘンの誘引成分を分析し、その成分から人工キンリョウヘン（分封誘引剤）が開発され、販売もされている。

空調と温度管理

昆虫は変温動物なのに、ミツバチは温度管理をする。ミツバチの巣内の温度は、四季を通じてほぼ一定に保たれている。とくに幼虫が育てられる巣の中心温度は三十二度から三十五度に保たれているそうだ。

気温が真夏日の三十度を超えるような日は、巣内を冷やす工夫が行われる。夏の暑いときの巣門前の送風行動は、虫のすることかと驚かされることの一つである。ミツバチは、夏の暑い日には巣箱内の温度が上がらないように旋風行動をする。飛ぶわけではないのに、翅《はね》を震わせて巣箱内に風を送る行動をする。旋風行動は換気や蜜の濃縮のとき、それに夏の冷房のときに見られる。

この夏の旋風行動は、日本ミツバチと西洋ミツバチの行動の大きな違いである。西洋ミツバチは、中の空気を外に出すため、巣箱の方に頭を向けて、外に風を吐き出す。外に風を吐き出すということは、巣箱の匂いを外敵に知らしていることにもなる。しかし、日本国内にはスズメバチというミツバチの天敵がいるので、中の匂いを吐き出すことは得策ではない。

旋風（西洋ミツバチ）

旋風（日本ミツバチ）

そのためであろう、日本ミツバチは反対に頭を外に向けて翅を震わせ、外の空気を巣箱の中に送り込む。日本ミツバチの旋風行動は、新鮮な冷気を外から中に入れるため、頭を外に向けて気流を巣内に入れようと翅を羽ばたかせるのが観察できる。

どう見てみても、日本ミツバチの方が理にかなっているような気がする。外敵に対して顔を向けていた方が素早く行動できるし、臭いを外に出すと外敵を誘き寄せることにもなりかねない。日本古来の日本ミツバチが、スズメバチに知られないために開発した方法と理解されている。

在来種の日本ミツバチは、スズメバチなどの天敵との戦いを通して、日本の環境に適応して生き延びてきた証でもある。外来種の西洋ミツバチは、日本在来のオオスズメバチの存在を知らなかったのだろう。そのため、西洋ミツバチは日本の自然の中で営巣し、生きていくことは困難のようである。それなのに西洋ミツバチを多く見かけるのは、養蜂家が花の少ない時期はショ糖液を与え、スズメバチを追い払い、家畜として保護しているからである。

さらに、蜜の濃縮や巣箱内の換気のために旋風行動をするだけでなく、巣箱内に打ち水をし、気化熱を使って巣の温度を下げることもする。その証拠に夏の朝、巣門を覗くと、中から筋になって水が流れ出てくるのを見かける。巣箱の近くに池や水溜まりがあると、淵や池の中の草や葉っぱにミツバチが止まっていることがある。そのため、自宅でミツバチを飼う場合は、水飲み場があった方が良さそうだ。

また、真夏に巣箱内の温度が上がりすぎると、無数の働き蜂が外に出てきて巣箱に張り付いている。夕涼みをしているようにも見えるが、一日中張り付いている。これは、巣箱内のハチの数を減らすことで、風通しを良くすることと、巣箱が温まらないように遮光するのだといわれている。底板を杉板から塩ビ製の網に交換し、風通しを良くすると張り付いているハチが少なくなった。この現象は、強勢群だと思われる巣箱に多く見られる。

整列して送風

こういうハチたちは、中に送風しているわけでもない。外に出ることによって、箱内にいるハチに負担をかけないようにしているのだろう。全く動かないかというと、板をかじるようなしぐさでもぞもぞと動いてはいる。「外にいるぞ」と板を通して合図を送っているのかもしれない。

冬は、外気温が氷点下になっても、巣内は十八度以上に保たれているそうだ。宮崎でも外が十度以下の日は、巣箱から出ていかない。蜂一匹では五度以下になると死んでしまうそうだ。外気温十度以下の巣箱の中では、真っ黒い塊となって皆で肩を寄せ合って寒さをしのいでいるのである。冬は外側の巣板を残し、中心部に窪みを作ってそこに固まるのだという。また、塊の表面にいるハチと中心部にいるハチは定期的に交代するのだという。活発だった巣箱は、下から覗くと巣板が隠れるくらいに真っ黒になっていて巣の窪みは見えない。また、あまり活発でない巣箱の巣は、巣板は見えるがハチは巣板の間の奥にいる。

巣の構造（ハニカム構造）

ハチの巣といえば、スズメバチもミツバチも六角形の巣穴の構造になっている。ハチは丸でもない、四角でもないこの形をどうやって発見したのだろう。

ハチの巣のこの構造は、ハニカム構造と名づけられている。ハニカムとは「ハチの巣」という意味で、生き物たちは自然界の法則を巧みに利用して生きている。段ボールでわかるように、各辺が接するのは、三角形、四角形、六角形で、多くの辺が接する六角形が最も強度が高く、無駄もない。今では人間の方がハニカム構造を模倣している。軽くて強度があり、また音や衝撃を吸収できて断熱効果もあるために、現在では駅のホームにある落下防止ドアや、飛行機の翼、新幹線などにも利用されているそうだ。

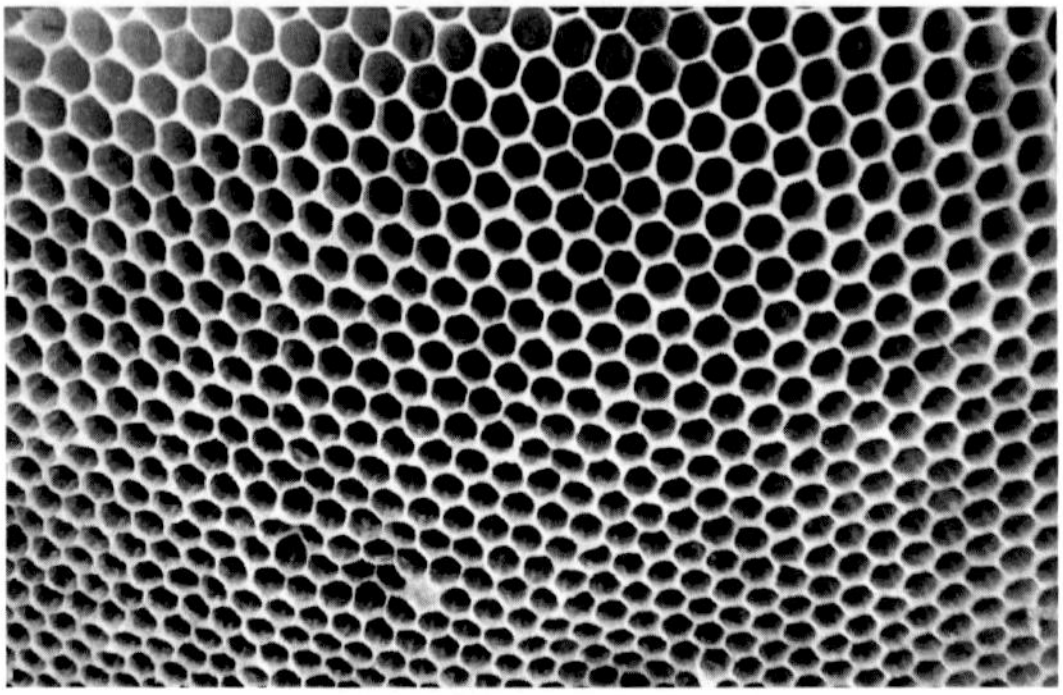

巣板

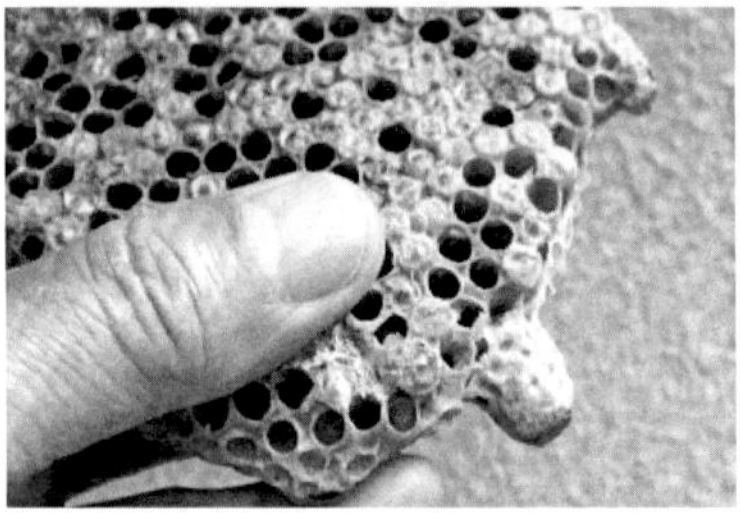

王台

ミツバチは自身の住まいのために、完璧な六角形を作る。それは、彼らが資源の消費を最低限に抑えながら、かつ資源を最大限に貯蔵するための発明ともいえるものである。働き蜂、雄蜂、女王蜂、この三種類の卵を一匹で産む女王蜂は、どうやって三種類の産み分けをするのだろうか。この秘密は、ハニカムというハチの巣の構造にあるようだ。

巣を作るのは建築蜂といわれる働き蜂。働き蜂が春の分封に備えて、三種類の巣穴の大きさの違う巣を作る。女王はこの巣穴の大きさをはかり、雄蜂と雌蜂の卵を産み分ける。次に、働き蜂が王台という特別の場所をつくり、そこに産み付けられた卵はロイヤルゼリーという特別の餌で育てられ、女王となる。

ミツバチの巣は、彼女ら自身が作り出す蜜蝋《みつろう》からできている。ミツバチは腹部から蜜蝋を分泌すると、そこに唾液を加えながら巣を作っていく。こうして完成した巣は、合理的でとても強度のある構造を備えている。それも均一である。日本ミツバチの巣は壁の厚さがわずか〇・一ミリなのに対し、内部に二キロもの蜜を保存することができるという。また、ハチの巣は彼らの住まいでもあるので、ミツバチは子育てのためにも巣を丈夫に作っているのである。巣穴の角度はハチ蜜が流れ出ないように、上向きに一三度の傾斜で作られている。

一匹のハチの大きさからすれば、巣全体の大きさは超高層ビルを建てるようなものだろう。さらに、大勢のハチたちが打ち合わせをするのかわからないが、それぞれが勝手に作っていたのでは均一な巣は作れない。このような精巧な巣は誰が設計し、そこにはどんな連携があるのだろうと考えてしまう。

交尾の場所と時間

チョウやトンボなどの交尾は、春から夏にかけて至る所で見られる。これが田舎ののどかな光景であった。ところが、ミツバチの交尾はなかなか見られず、研究者にとっても長い間謎だったらしい。最近では研究も進み、一九九〇年頃に解明された。

西洋ミツバチと日本ミツバチとで、交尾の場所や時間が異なるそうだ。とはいっても、巣から遠く離れた場所で行われるため、素人目にはどこで行われているかわからない。そこで、雄蜂の来そうなところに気球や風船に固定した女王蜂をクレーンで吊り下げ、雄蜂が集合するかどうかの実験が行われた。女王蜂は何回も交尾するが、雄蜂は一度しか交尾できない。雄蜂は交尾した途端、下腹部がちぎれて死んでしまう。

西洋ミツバチの交尾場所は、周辺が林に囲まれた盆地状の場所とのこと。女王蜂の飛行時刻は十一時半~十五時と、ほぼ一定している。日本ミツバチは、目立つ樹木の高いところの上空に雄蜂が集まり、そこに女王蜂が来て交尾をすると考えられている。交尾時刻は十三時十五分~十七時らしい。西洋ミツバチと重なる時間が少ないため、交雑することはないそうだ。ハチの方で意図的にそうしているのかわからない。

女王蜂は十匹前後の雄蜂と交尾するといわれている。雄蜂の集合場所に女王蜂が飛来してくると、多数の雄蜂が一斉に追いかけ、一匹の女王蜂と次々に交尾する。交尾した雄蜂は前述したように、交尾器が長く伸びてちぎれ、地上に落ちて死んでしまう。次の雄蜂は前に交尾した雄蜂の交尾器を外して交尾し、自分の交尾器を残すという繰り返しが行われる。最後は、女王蜂は交尾標識を付けたまま巣に帰り、働き蜂が「よく頑張った」と抜いてくれるのだそうだ。そして、二、三日後には産卵が始まる。

雄蜂の集合場所（？）

万が一、この期間に女王に事故があり、巣に戻れなくなると働き蜂が産卵することがある。働き蜂産卵と呼ばれる。雌の働き蜂は交尾していないので、無精卵となり、雄蜂ばかりが生まれる。そうなれば雌の働き蜂が生まれないので、消滅の一途を辿ることになる。

ミツバチの研究者は、西洋ミツバチが飼育されていない唯一の島である長崎県の対馬で、異種間交尾が起こるかどうかを実験したそうだ。交尾したことは確認されたが、西洋ミツバチの女王が産んだ多くの卵は、卵期の三日を過ぎても孵化することはなかった。交尾時間と場所の違いから、西洋ミツバチと日本ミツバチの異種間交尾は起きにくいと考えられている。

西洋ミツバチでは品種改良のため、人工授精技術が確立されている。それで、日本ミツバチの持っている高い分封性や逃去性の改善や集蜜性の向上のため、西洋ミツバチとの人工授精も試みられているようだ。

ミツバチの雄は、交尾と同時に下腹部がちぎれるので、いわば切腹となる運命にあるともいえる。一日が一年の生活をしているミツバチ社会であればこそ、世代交代も早い。ミツバチは集団で生活しているが故に、近親交配はないのかと疑問に思うことも多い。また、働き蜂の中から女王に成り上がるものは出てこないのかとも思う。

共同育児と分業（カースト制）

ミツバチの社会は雌ばかりの社会で、女王一匹が産卵する。産卵の活発な時は一日に千個以上の卵を産む。働き蜂は雌だが、女王蜂がいる限り産卵しない。一方、女王は産卵するだけで、子育てはしない。女王は卵を産むのが仕事で、一生産み続ける。子育ては先に生まれたお姉さんになる働き蜂が世話をする。生まれてきた子どもは皆姉妹ということになる。女王が母親であり、姉妹で巣全体を守り、子育てをする。そして、蜜を貯め、次の年に分封（巣別れ）することによって次世代に繋いでいく。

また、姉妹間で年齢によって仕事の分担を決めている。生まれたばかりのハチは巣穴の掃除、それから女王の世話、倉庫番、巣の増築、門番、外勤と仕事が日齢で変わっていく。春先の子育ての盛んな頃は、蜜や花粉を効率的に運ぶために巣箱内にいる働き蜂が数十匹で連なり、鎖状に梯子《はしご》をつくる。そして底板からその梯子を伝って巣房のところに蜜や花粉を運ぶ。巣箱の縁を回って伝い歩きして運ぶよりも、ハチの梯子が最短距離で効率が良いことを知っている。とにかく、春先はよく働く。蜜や花粉を大勢で次から次に運び込む。働くことが楽しいといわんばかりである。夏と冬は鎖状の梯子の様子は見られない。

日本人も昭和の初めは、十人の子どもがいる家庭も珍しくなかった。その頃の母親は、今の専業主婦どころか、出産と育児に明け暮れていた。そのような家庭状況では、育児はミツバチと同様、年上の子が下の子の面倒を見るのが当たり前だった。

一定期間「内勤」を終えると、いよいよ「外勤バチ」として外界に出て、蜜や花粉を集める役目になる。その「内勤バチ」が「外勤バチ」へ変わるときに、自分の巣箱を覚えるためにするのが「時騒ぎ」である。巣箱の中でしか行動しなかったハチが急に外に飛び出しても迷子になるので、ある一定時間教育を受ける。大体、午後一時から午後三時ぐらいの間が多い。親鳥が巣立ちしたばかりの子どもを連れて餌の取り方を教えているようなものだ。

巣門から出たハチは、近くを飛び回った後、すぐにUターンして巣へ戻ってくる。そして巣門の前でホバリングをする。こうして、巣の場所を覚え、蜜を採りに行ってもちゃんと帰ってこられるようになるのだ。

梯子を作る

ハチの一刺し

ハチといえば「刺す」とイメージする人が多い。

蚊には刺されても痒いだけだが、ハチに刺されたら一大事となる。刺されると、チクッと痛いが、しばらくすると、痛みより痒くなり、それが数日続く。ミツバチの針は、釣り針と同じように返しが付いていて、一旦刺すと簡単には取れない。「ハチの一刺し」といわれるように、刺したハチは下腹部がちぎれてしばらくは動いているが、そのうち死んでしまう。

確かにハチは人を刺す。秋になるとスズメバチが人を襲ったとニュースになる。年間、二十人前後がハチに刺されて亡くなっているのだそうだ。やはり、人が亡くなったということ、衝撃的である。最近は、マダニやヒアリなど毒性の強い昆虫が見つかると、ニュースになることが多い。

スズメバチも巣のそばを人が通ったときに攻撃する。一般に動物は棲処や子どもが危ないと思ったら攻撃する。刺すのは人間に対してだけではない。他の動物も嫌がっている。そういうことがわかっているのか、ハチの格好をしたアブもいるくらいだ。

スズメバチやアシナガバチなどの肉食のハチは、攻撃する対象に針を何回でも刺す。このような肉食のハチは、狩り蜂と呼ばれている。狩り蜂の場合は、寄主をおとなしくするため、麻酔薬として何回も使う。ミツバチのようなハチでは、鳥や哺乳類を撃退するための毒となって、命と引き換えにすべてを注ぎ込む。この毒は人間を含む哺乳類を一つのターゲットとして進化してきたものと考えられている。一般的にライオンや虎などのように狩りをする肉食系の動物は攻撃性が激しく、牛や馬などの草食系の動物はおとなしい。最近よく使われる言葉に肉食系、草食系と耳にするが、アシナガバチやスズメバチは肉食系、ミツバチは草食系といえるかもしれない。

秋に生まれた肉食系のハチの女王候補は、腐葉土などの下に潜り仮死状態で冬眠する。冬眠から醒めて出てきたハチは全て女王蜂なので、最初は自ら餌を採り、巣作りをする。最初に産み付けた卵から働き蜂十数匹が生まれ、この働き蜂が子育てに参加するようになると、女王蜂は卵を産む仕事に専念するようになる。働き蜂が大きな虫の幼虫などを運ぶときには、虫の幼虫にはおとなしくしてもらわなければならない。この場合の蜂毒は、麻酔の役目をしている。麻酔が弱くて暴れるようだったら、おとなしくなるまで何回か刺すのだろう。刺すたびに自死していたら、子孫繁栄に繋がらないので、針は何回でも使えるようにできている。

ハチの中には、幼虫に卵を産み付けるのもいる。卵を産み付けられた蛾などの幼虫は、しばらくは生きているのだろうが、ガン細胞を外から植え付けられたようなものである。

そのうち、卵は幼虫になり、蛾の幼虫を餌として大きくなっていく。蛾の幼虫は成虫になることなく、食べ尽くされていく。ミツバチの天敵であるスムシに付くスムシヒメコマユバチも、この類《たぐい》である。天敵を駆除してくれる味方となるハチもいるのである。

オオスズメバチはコオロギなどの餌を食べているときに、紙縒《こよ》りをその胴に縛り付ける人もいるくらいだ。出合っただけでは巣のそばでない限り、まず刺されることはない。カブトムシを取りに行って、樹液にたかっているオオスズメバチを見たことがある。そういうときに、一緒にいるカブトムシを捕まえても刺されたことはなかった。カブトムシとオオスズメバチは、同じ樹液を競い合って取り合うのだが、追い払おうとはしても死闘にはならないようだ。

ミツバチの抑止力

ハチの中でも、ミツバチが人を襲ったという話は聞かない。花に停まっているハチに近づいても、ハチの方から逃げていく。ミツバチは、人間と出合っただけでは刺さない。ミツバチの巣箱を叩いたり、ミツバチを捕まえない限り刺すことはない。ミツバチは巣箱に危害を加えられると思ったら攻撃する。

不思議なことに、毎日のように顔を合わせるようになると、巣箱を触るぐらいでは刺さなくなる。冬の寒い日は、ほとんど活動しないので、居るかなと箱を叩いて確認をすることがある。この時、綿布を被っていないとハチが数匹出てきて、逃げてもどこまでも追いかけてくる。不思議なことに、初めての人や慣れていない人が刺されやすい。ハチからしたら、そのあたりは見分けているようだ。ということで、初心者ほど完全防備が欠かせない。

玉川大学の佐々木正己先生が宮崎県えびの市に来られたことがあった。その時、ミツバチを研究する人は、ハチアレルギーはないのか聞いてみた。アレルギーのある学生は、一年ぐらいかけて、薄めたハチ毒を注射するのだそうだ。最初は何百倍かに薄め、だんだんと濃度を濃くして慣らしていくということだった。免疫ができるということか。そういえば、私も当初は手を刺されたら、グローブみたいに腫れた。痛みは刺された時だけだが、痒さが一週間近く続いた。それで皮膚科に行ったら、「そんな危険なことは止めなさい」と言われてしまった。それが最近は、刺されても腫れが少なくなった。

ミツバチは、自分を守るためでなく、女王や子ども、家族を守るために戦う。専守防衛なのである。ミツバチの世界は、いざとなれば命を捨てて戦い、女王や姉妹のために働く滅私奉公の世界である。雄蜂は毒針を持っていない。それで、素手で捕まえることができる。働き蜂は、一回刺したら毒針がちぎれて死んでしまう。一旦刺したら簡単に抜けず、抜こうとすると毒の袋を押さえることになり、ますます毒が注ぎ込まれるようになっている。刺されてみるとよくわかるが、西洋ミツバチに刺されると、刺された瞬間に痛みが走る。じんじんと毒が押し込まれていくような激しい痛みであり、こればかりは体験しなければわからない。

馴らす

　それでミツバチは、相手が敵なのかどうかよく見極めた上で攻撃しているようだ。外敵から守らなければならないのは、自己でなくて巣という家族を守ることなので、働き蜂の数匹や数百匹の死は問題にならない。ミツバチの針は、トカゲの尾やバッタの後ろ足と同じように、腹部がちぎれやすい構造になっている。ミツバチが針を失ってやがて死ぬ行動は、身を捨てて戦う「特攻隊」ともいえる行為である。ジハード（聖戦）というアラブ社会のテロ行為も同じような気がする。それにしても、「誰でもよかった」という殺人事件を時々聞くが、ミツバチはそういうことはしない。正当防衛でしか剣は使わない。

巣箱に近づいて内検をしようとすると、まずは体当たりしてくるものがいる。刺すのではなく威嚇しているようだ。「これ以上近づくな！」と言っているようだ。それでも巣箱内に手を入れようものなら、正当防衛の権利を行使しようと向かってくる。攻撃してくるハチの数は増えてくるが、全員が攻撃することはない。それがいつも顔を見せたり、手を差し出して巣門前で慣らしておくと、ほとんど刺されることはない。ミツバチのように、一旦相手に刺したら命を落とすことになると考えれば、絶体絶命のときか、子孫を残す女王のためにしか針を使えない。

刺される時とはどういうときか？　人間と同じで、動物は腹が減っているときの方が、機嫌が悪い。機嫌が悪いのは寒い冬か、巣箱の中で何か異変が起きているときが多い。こういうときに巣箱の掃除などをすると、しつこく追いかけてくる。そして身体全体に体当たりしてくる。綿布がなければ刺される。綿布を被り、手袋はしていても、少しの隙間があれば狙ってくる。春から秋にかけては、働くことが忙しい。人間の相手をしている暇はないと言わんばかりに、子育てに大忙しである。

分封時の蜂球は指で触っても刺さない。分封時は、腹いっぱい蜜を貯めて飛び立っていくからといわれている。

ハチによく刺される人もいるようだ。ハチから見ると、その人の接し方を瞬間的に見分けるようだ。犬などの動物に見られるように、接し方で人に対して序列をつけているのかもしれない。何人かで巣箱を囲んで話しているときに、巣箱から遠く離れているのに刺された人もいる。ミツバチから見れば、初めて見る人や怖がっている人を狙っているようだ。ハチが人を見るというのは間違いなさそうである。「ミツバチと話のできる」椎葉の那須久喜さんは、半袖のTシャツに素手で、ハチ蜜を取っても刺されることはないという。ミツバチは外敵に対して刺すという武器を持っていたからこそ、これまで生き残ってきたといえよう。

巣板に付いている若いハチは、握って潰さない限り刺さない。まだ外敵に対する教育を受けていないようだ。門番や外勤のハチは攻撃的で刺す。巣が壊されそうなときには、門番バチや外勤バチだけでは守り切れないので、内勤バチも含めて総動員体制になる。

針は硬くてまっすぐに伸びているのだから、ハチの胴体を捕まえれば大丈夫かというと、刺すときには尻を曲げて刺す。その器用さに、胃カメラの先端が自由自在に動くのも、これがヒントになっているのかもしれないと思ってしまう。

昆虫の中でも、ハチは「刺す」ということで、人間や他の動物から一目置かれる存在になっている。他の動物も、ハチが簡単に餌となる昆虫でないことは知っている。滅多に刺さないハチであるが、いざとなれば次から次に集団で、死を覚悟して敵に向かっていく姿には人間も恐れてしまう。

黄色スズメバチとの戦い

スズメバチにもいろいろな種がある。日本ミツバチを襲うのは黄色スズメバチとオオスズメバチが多い。小型スズメバチも襲うと聞いたが、まだ襲われているのを見たことはない。

昔、カブトムシを取りに行くと、樹液の出る木にカブトムシやチョウと一緒にオオスズメバチがよく来ていた。スズメバチも年から年中ミツバチを襲うわけではない。春から夏にかけては、花の上でミツバチが出合っても殺されることはない。スズメバチがミツバチを襲うようになるのは、宮崎ではお盆を過ぎてからである。お盆を過ぎると、オオスズメバチにしろ、黄色スズメバチにしろ、偵察蜂がミツバチの巣のありかを探し回る。巣箱を見つけると、しばらくして仲間に知らせ、次から次にやってくるようになる。

黄色スズメバチとの戦いは、群れの存亡をかけた戦いとはならない。日本ミツバチと黄色スズメバチとの戦いを見ていて、オオスズメバチほどの大きな被害は出ないことは想像がつく。黄色スズメバチがやってきても、日本ミツバチもわかっていて、黄色スズメバチが巣箱の近くに来ると、整列して迎え撃つ体制をとる。それでも巣箱に近づくと、「あっち行け」とばかりに一斉に翅を震わせて防御する。それでも黄色スズメバチが近づこうものなら、数十匹で飛びかかり、みんなで熱殺する。日本ミツバチの方は、数匹の犠牲は仕方ないと思っているようだ。いつの間にか侵入してくる尖閣諸島のような無人島を守る戦いであって、国を挙げての戦いとはならない。

それで、黄色スズメバチは巣箱の中に入り込もうとするのでなく、外から帰ってくる働き蜂を狙っている。巣箱の前で、ホバリングしながら近くに来た働き蜂を瞬時に捕まえる。運よく一匹のミツバチを捕まえると、抱えて近くの木の枝に停まる。そして、噛み砕いて肉団子にして巣に持ち帰る。帰ってくる働き蜂の中には、待ち伏せしている黄色スズメバチにフェイントをかけてすり抜ける賢いのもいる。

黄色スズメバチも我慢ならないのか、今度は巣門前の門番バチに狙いを定める。一列に並んだ門番バチに近づくとスズメバチの方が捕まってしまうので、できるだけ外れにいるのを狙う。失敗すると、一瞬にして門番バチ数十匹に抱きつかれ、五センチほどに丸められて熱殺となる。

ホバリングの黄色スズメバチ

黄色スズメバチに捕まった日本ミツバチ

西洋ミツバチは、熱殺の技を持たないので、黄色スズメバチが満足するまで巣門前で犠牲になるようだ。黄色スズメバチは毎日このようなことを繰り返すが、日本ミツバチも慣れたもので逃去《とうきょ》することはない。

軍艦や緊急車はいつでも出

熱　殺

熱殺後の黄色スズメバチ

動できるように、前向きに配置してある。昔、日本人が下駄を履いた頃、玄関で帰りに履きやすいように向きを換えるのが礼儀とされていた。日本ミツバチは、黄色スズメバチと対峙するときは、下駄を並べたように巣箱を背に前を向いている。黄色スズメバチは数十センチメートルまで近づいてホバリングの体制をとる。この距離がお互いに我慢できる距離のようだ。

オオスズメバチとの戦い

オオスズメバチはハチの中では最大、このハチに刺されて命を落とす人も毎年少なからずいる。食物連鎖の頂点に立っているといえる存在である。オオスズメバチとの戦いにおいても、西洋ミツバチはフェンシングの選手のように次から次に向かっていき、全滅するまで戦う。日本ミツバチは集団で戦う。そして敵わないと思ったら全員で逃去する。オオスズメバチの襲撃の目的は、ハチ蜜とハチ児（蜂児《ほうじ》）である。働き蜂の死骸を山のように築いても持ち帰ることはしないようだ。

オオスズメバチも探索蜂が最初は一匹でやってくる。ハチ蜜の匂いか日本ミツバチの匂いかを嗅ぎつけて、大きな羽音をたてながら日本ミツバチの巣箱の周りにやってくる。番兵や働きに出ようとしていた数十匹の日本ミツバチの働き蜂たちは、これ大変とばかりにぞろぞろと巣箱の中に移動を始める。スズメバチもミツバチが大勢いるときはすぐに攻撃しないが、巣門前のハチがいなくなったら、様子を窺うため巣門前に降り立つ。大きなスズメバチが巣門前に降り立つときには、ミツバチは一匹たりとも姿を見せず、中で息を潜めてスズメバチの行動を窺っている。ミツバチは音を聞き分けて、そそくさと巣箱に隠れる行動を取る。

オオスズメバチは、ミツバチが全くいなくなった巣門の前に降り立つと、入口を探し始めるとともに自分の匂いをつけ始める。そのうち、数匹のオオスズメバチが巣門前に集まるようになると、巣門をカチカチと噛み広げようとする。巣門の広いところを見つけると、中に入って行こうとする。日本ミツバチが様子を見に一匹、二匹で巣門に顔を出すと、その場で噛み殺される。

　オオスズメバチの場合は、門番バチの威嚇行動も効き目がないようだ。相手が相手だけに門前で戦うのでなく、籠城作戦で戦おうとしている。その方が犠牲も少ないし、勝ち目があると考えているようだ。万が一、巣箱の中にオオスズメバチが入ってこようものなら、大勢で抱きつき熱殺をしようとする。

　日本ミツバチは最初の一匹の偵察蜂を巣内に誘い込み、後続を断つ戦術を身につけているといわれている。また、オオスズメバチが匂いをつけて仲間を呼びに帰ると、その間に出てきて日本ミツバチはその匂いを消す作業を大勢でする。

　ある時は巣門が狭かったのか、数匹のオオスズメバチが巣箱の側面を数匹で噛

オオスズメバチ

み切り、高さ一センチ、横四センチほどの長方形の穴をあけているところだった。前面の巣門と側面の穴から、それぞれ五匹から六匹で攻め込もうとしていた。それに気づいて巣箱に漁網を被せて防いだ。何日かして巣箱を持ち上げて見たら、十数匹のオオスズメバチの死骸があった。穴をあけて中に入ったはいいが、そこには日本ミツバチが待ち伏せしていたのである。

スズメバチがあけた穴

漁網で防ぐ

この籠城作戦は、一見するとオオスズメバチの援軍が次から次に来て、ミツバチは食料の補給を断たれ、絶体絶命に見える。しかし、冬に備えて長期間の立てこもりの準備はできているのである。問題は巣箱の弱いところを噛み広げられないことだ。巣箱の板厚を厚くした方が、オオスズメバチ対策としては良さそうだ。オオスズメバチとの戦いは、一国一城をかけた、まさに死闘である。

高岡での戦い

我が蜂場（宮崎市高岡町）では、オオスズメバチと空中戦になっていたことがある。小屋で農作業をしていると、顔の周りをしつこくかぎ回る日本ミツバチがいる。「どうした？」と思って巣箱の方に行ってみると、オオスズメバチの襲撃を受けているところだった。底板の隙間と巣門から大きな羽音で追い出されて、ミツバチはスズメバチの襲撃の隙間をかいくぐって集団で逃げるところだった。だが、スズメバチも簡単には逃がしてくれない。ミツバチは一匹のスズメバチに数匹が立ち向かって大勢の仲間を空中に逃がしていた。

スズメバチも尻を捩《ね》じりながら、日本ミツバチにまとわりつかれないように応戦していた。巣箱付近は、十数匹のオオスズメバチと大勢の日本ミツバチの空中戦になっていた。その間にミツバチの群れ本体は、空高く逃去していった。

急いで漁網を巣箱に被せてやったが、スズメバチ十数匹を捕獲しても後の祭りだった。オオスズメバチを撃退するために、ツバメのように人に助けを求めるのかもしれない。オ

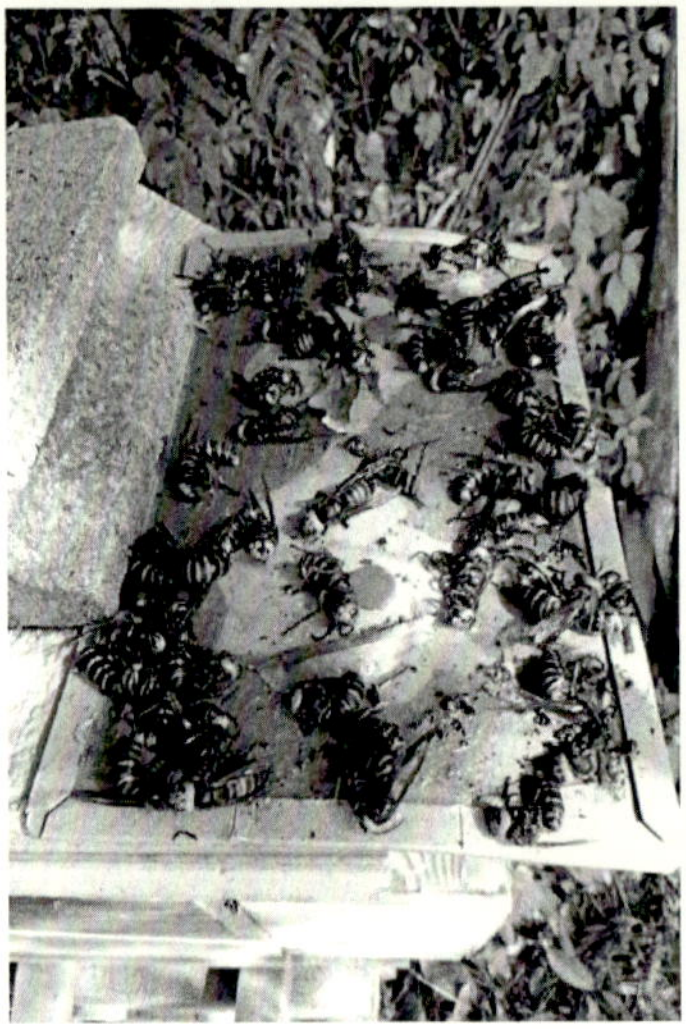

粘着シートに捕まる

スズメバチ捕獲器

オスズメバチに対抗するには、人間との共同作戦が功を奏するようだ。

二〇一七年は、お盆が過ぎたら、スズメバチ捕獲器を取り付け、ネズミ捕りの粘着シートを巣箱の上に置くようにした。それでも狙われた巣箱は、数匹のオオスズメバチが周りを飛び交っては巣門に向かって降りていく。巣門に取り付けた捕獲器に入っても、スズメバチは数匹で巣門を噛み広げようとしている。捕獲器や粘着シートに捕まっても、次から次に援軍がやってくる。粘着シートに捕らえられたオオスズメバチは、足を引き抜こうともがくが足が抜けない。日本ミツバチに手を貸した私を睨《にら》んでいるようだ。昆虫の頂点に立つオオスズメバチの悔しそうな顔が見える。

オオスズメバチは数十匹程度の犠牲が出ると、一旦引き上げる。そうすると、日本ミツバチが中から出てくる。それに気づくと、またオオスズメバチがやってくる。北朝鮮と同じように包囲されたら、日本ミツバチも身動きができない。ここ数年、オオスズメバチが多くなってきた。オオスズメバチも弱い巣箱から襲うようだ。

ミツバチを助けようと巣箱に近づくと、「何する者ぞ！」とオオスズメバチ一匹が私の周りをまわる。その時は、羽音に怯えながら、ゆっくりと後ずさりするしかない。オオスズメバチから睨まれたら、あの獰猛な姿に思わず逃げたくなる。

農耕生活で土地を守る東洋民族は、狩り蜂のような欧米の狩猟民族と違って、戦い方も戦う目的も日本的で、土地に執着して棲み分けて生活しようとしている。日本ミツバチの戦いは、専守防衛なのである。スズメバチが近づいてきたときに身構える姿や、熱殺されたと思われるスズメバチの死骸を見たときには、我が身も振り返らず戦う日本ミツバチの働き蜂たちに、感動すら覚える。

スムシ

日本ミツバチの天敵は多いが、飼う人に言わせると、一番の天敵はスムシだという声をきく。外からの天敵はオオスズメバチで、内なる天敵がスムシともいえる。

日本ミツバチとスムシの関係も不思議なことの一つである。ある本では、日本ミツバチとスムシは共生しているとあった。確かにそのような関係にあるように思えるときもある。しかし、ミツバチを飼う身になると、ミツバチ側の被害があまりにも大きく、逃去の原因にもなるので共存共栄というわけにはいかない。

底板に黄な粉状の巣くずの中に黒いものが見えるとスムシの糞を疑った方がいい。この状態が一週間もするとハチの動きが悪くなり、うろつくようになる。逃去する準備である。準備というが身支度するわけではない。少々のスムシなら働き蜂がやっつけるのだろうが、多くなってきて敵わないとなったら、巣穴の子どもが成長して出てくるのを待っているのだ。その間、女王は卵を産まないようにしているのではと思う。巣箱からハチが逃去すると、巣箱の中はスムシだらけになる。

スムシとは、ハチノスツヅリガという蛾の幼虫で、養蜂家の頭を悩ます害虫である。ハ

スムシ

ハチノスツヅリガ

チノスツヅリガは、特に七月〜九月に多く、夕方から夜間にかけて巣箱に侵入すると、巣箱の底や隅っこ、巣板の目立たない所に小さな卵を産む。卵は気温が高ければ数日で、低ければ一カ月ほどで孵化してスムシになる。幼虫は数えきれないほどいるのに、成虫の蛾を見ることは少ない。

　スムシは特に花粉が大好物で、ほかにも巣房に残ったミツバチの幼虫の脱皮の抜け殻や、小さなゴミを食べて大きくなる。巣脾を食い破りながらそれらを探すため、巣がボロボロにされてしまうだけでなく、巣箱の壁にも侵入して使い物にならなくなることもある。

スムシは癌《がん》と同じような気がしている。癌の原因はストレスや食生活といわれるように、健全な生活をし、ストレスを溜めないことが大事だと思う。ミツバチのストレスは様々である。近くに巣箱が多いと生存競争が激しくストレスが溜まる。適正な間隔で巣が存在すると競争は緩和される。また、逃去は猛暑の夏に多いことから、暑さもストレスとなっているようだ。そのほかに農薬、スズメバチ、西洋ミツバチなどストレスは多い。

スムシ対策は、なかなか難しい。ハチノスツヅリガは、巣くずに卵を産み付ける。巣くずだけでなく、巣箱の継ぎ目や隙間があると、卵を産みつけている。その証拠に巣蜜用に切り取ったきれいな巣板でも、そのままパックに入れて置いておくと、二、三日もすればスムシが発生することがある。巣箱の中では、やっと目に見えるくらいのものから三センチ近いものまでいる。スムシの成長度合いはあるにしても、蛾は何回も日にちを変えて産卵していると思われる。一つの巣箱に大きい幼虫が小さい幼虫を産んでいるのかと思うくらい大小様々な大きさのスム

スムシ対策

シがいる。
巣板が底板に届きそうになると、スムシも付きやすい。また、春から夏にかけては巣の成長も早く、油断していると底板近くに伸びていることがある。このくらいになると、重箱を継ぎ足そうとしても重く、一人での作業は困難である。そのままにしていると、巣箱の中も気温が上がってくるのか、大勢のハチが巣箱の外側に張り付くようになる。巣板や巣房に本来張り付いて守るべきハチが外に出てくるということは、スムシにとっては増殖するチャンスでもある。

その対策として、巣作りが活発になった頃、底板を杉板から金網か塩ビ製の網に換える。金網の目の大きさは、小さいと巣くずが引っかかるので、五ミリのメッシュ網にしている。風通しもよくなり、巣箱の外に出てくるハチも少なくなる。日常は巣箱の下に二本の角材を置き、その間に底板をおき、引き出せるようにしておく。そうすると、箱を動かさずに底板に落ちた巣くずの掃除ができる。下から二〇センチほどは空間ができるようにするのが望ましいようだ。要は定期的な底板の掃除と巣板の伸び具合を管理していくことがスムシ対策となる。

逃去（家を捨てる？）

数日前まで元気に飛び交っていたのに、ある日突然ハチがいなくなることがある。夜逃げするはずはないと思い、いつもと違って巣箱が静かになったら、箱を叩いてみる。長さ二〇センチほどの巣を残していなくなっている。それまで、元気に出入りしていたのに何故かいない。人間も引っ越しはするが、転居はなかなか容易ではない。一万匹を超えるハチがそう簡単に引っ越しするとは思えない。

逃去後の巣

逃去は日本ミツバチによくみられるといわれている。環境の変化に敏感な日本ミツバチは、スムシやスズメバチの襲来など外敵に襲われると、逃去することが多い。外敵だけでなく、直射日光や、巣門前の雑草に囲まれて出入りが困難になってくると逃去する。また、理由のわからない逃去も多い。春に分封して新しい巣作りが始まり、子育てが盛んなときには、逃去することはまずない。

逃去が多いのは、子育てが一段落した夏が多い。巣の成長も重箱三段以上にまで成長し、ハチの数も最大になった頃、花粉を運ばなくなり、暑いのか働く意欲をなくすようだ。巣箱の外側にびっしりと張り付き、涼んでいるようで働かないハチが多くなる。このまま巣を大きくしても、秋には人間に蜜を採られるだけだし、毎日毎日同じ仕事の繰り返しだし、どこか他所《よそ》に行ってみるかという気になるのかもしれない。春から夏にかけて蜜はいっぱい貯めて安定した生活が見込まれるのに、なぜか他所に行きたくなるようだ。スズメバチの襲来なら戦うよりも逃去した方がましと考えるのもわかるが、蜜源の多い季節でもない夏の暑い時期に逃去するとは。

逃去した先には、何が待っているかもわからない。女王を中心とした一万数千匹の個体は、会議をしたのだろうか。外で働かないハチが多くいたが、彼女らが多数になったのかもしれない。逃去するときは、皆で会議をして多数決で決めるのだろう。数日から一週間ぐらいは巣箱の様子が何となく変なのである。夏の暑いときの点検は、億劫《おっくう》がって巣箱の中までの点検がいい加減になってしまう。不思議なのは、メタボの女王が飛べるのだろうかということである。それが、一週間ぐらい前から産卵をやめ、ダイエットしてスリムな体になるのだという。

スムシやスズメバチに追い出されたなら、リストラにあったようなものだ。しかし、訳のわからない逃去は、何を求めて出ていったのだろうと考えてしまう。

ある日のこと、昼前に小屋の向こうで分封群の飛来するような音が聞こえてきた。大群が小屋の上を渦を巻きながら通り、見ているうちに欅《けやき》の枝に停まり始めた。とても手の届きそうなところではない。それで、据えてある空箱三箱を急いで掃除し、新たに蜜蠟を塗ってどれかに入るのを待つことにした。欅の根元にある空箱に探索蜂が十数匹出入りしだした。これかなと待っていると、昼二時頃にはもっとも離れた巣箱にも探索蜂が行くようになり、こちらの方がにぎやかになりだした。三時頃にはどちらの箱にも全くいなくなり、どうしたのかと見ていると、木の枝の蜂球が壊れ始め、渦を巻くように飛来し始めた。どこに行くかと見ていたら、もっとも離れた巣箱に蜂群は向かっていった。巣門に大群が張り付き、流れるように巣門から入り始めた。分封群が入居するのと同じであるが、その逃去群の中には雄蜂が全くいない。

盗蜂

昆虫の世界にも盗人《ぬすっと》がいる。ミツバチが他の巣箱から蜜を盗むことを盗蜜と呼んでいる。ミツバチも食料が不足してくると、盗人が現れる。盗人ならぬ盗蜂《とうほう》と呼ばれている。盗蜂も西洋ミツバチが日本ミツバチの巣箱に盗蜜に来ることが多い。

自然のものは誰のものと決まっているわけでないので、自然にあるものを頂くというのは別に問題はない。ところが、巣箱に一旦貯めこんだ蜜を盗みに来るものがいる。弱肉強食の世界だから仕方ないのだが、我が日本ミツバチの味方に立つと、西洋ミツバチが許せない。

最初はスリみたいに大勢の働き蜂の中に潜り込み、いつの間にか日本ミツバチの巣箱の中に入っていく。身体も日本ミツバチの仲間より大きく、肌色も少し違うのに門番のチェックを潜り抜けている。そこで味を占めると仲間を呼んで来る。日本ミツバチ同士だったら取っ組み合いになるところを何故か通り抜けている。西洋ミツバチの数が多くなって気づいたときには遅い。入国審査はしたものの、入国してから犯罪とわかるまで時間がかかる。ある知り合いは、我慢ならず飼い主が門番バチになって竹ヘラで巣門にやってくる西

やられた日本ミツバチの女王と働き蜂

西洋ミツバチの攻撃

洋ミツバチを見つけては潰していた。丁寧に一匹、一匹潰すことで仲間を呼び寄せないようにしているとのことだった。

食料不足になってくると、西洋ミツバチだけでなく、他の日本ミツバチが近くの日本ミツバチの巣箱を襲うことがある。背に腹をかえられず、危険を冒してまで盗みにいくのだろう。日本ミツバチの盗蜂は、あらかじめ指名手配されているようなもので、入ってこようものならその場で取り押さえようとする。それが集団であれば大がかりな戦いとなる。この場合も、強勢群が弱小群を襲うことが多い。それで、日本ミツバチの盗蜜が始まったら、強勢群に先に給餌をし、落ち着いた頃に弱小群にも砂糖水を与えた方が良さそうだ。

特に盗蜜は、冬を前にした秋に多いような気がする。冬を越すためそれぞれの動物がエネルギーを蓄える。

スズメバチもこの時期にはしつこく蜜蜂の巣箱を狙ってくる。西洋ミツバチも飼い主が餌を与えないと、日本ミツバチの巣箱を襲うことがある。養蜂振興届をして適正管理するといっても、人間が自然を管理することは簡単なことではない。

ミツバチの喜怒哀楽と交流

人間には喜怒哀楽の感情があり、感情が豊かな動物である。犬猫を飼っている人は、動物にも感情はあると思っている。確かに犬猫は人になつくし、家畜も人になつく。動物に感情があることはわかるが、人との違いは笑うか笑わないかだと聞いたことがある。ミツバチ一匹一匹の感情はよくわからない。ただ、巣箱全体ではハチの動きから感情があるようにも思える。笑うようなことはないが、機嫌のよいとき・悪いときはだいたいわかる。

動物と人とのコミュニケーションの取り方は、どれだけ家族の一員として扱うかのような気がする。自宅に置いている巣箱は、毎日顔を合わせているので、不思議とお互いにわかり合えているような気持ちでいる。女房までも「我が家のハチは刺さない」と言って、巣箱の横を平気で行ったり来たりしている。ところが、めったに行かない山などに置いている巣箱は、機嫌がいいのかどうかもわからず、警戒して様子をうかがう。

社会を維持するには、コミュニケーションは必要不可欠だ。スポーツなどでは、言葉が違っても相手をたたえ、お互いに尊敬するアスリートも多い。囲碁では「手談」というらしいが、言葉が通じなくても相手の気持ちがわかる。人を見るミツバチはコミュニケーション能力が優れていると思う。

春の活発な頃、巣箱に帰ってきた働き蜂が巣門にぶつかって仰向けになり、足をばたつかせることがよくある。他の働き蜂は助けようともせず素通りだ。自力で起き上がるしかない。そのかっこを見ているとおかしくなる。慌てて帰ってきて家の中に入るはずが、巣門にぶつかってドジをしたと言わんばかりである。そして、何事もなかったかのように数秒で中に入っていく。花の多い季節は、ミツバチも忙しい。蜜や花粉を運ぶ姿は喜んでいるように見える。何といってもキンリョウヘンに群が

ハチに好かれた人

る蜂の喜びようは、人にもわかる。雄蜂までもキンリョウヘンには喜んでいるようだ。

怒るときは、寒いときや巣箱の異変が起きているときが多い。ミツバチは怒っているときは翅を震わせながら、お尻を白くして持ち上げている。警戒フェロモンを出しているといわれている。人が巣箱の掃除や巣箱に振動を与えると、尻の先端の白い模様を目立たせる。「これ以上近づくな」「箱にさわるな」と言っているようだ。巣門にいるハチたちは警戒している様子がわかる。

「哀」は逃去を決めたときの巣門前のうろつきだろう。今までの巣を捨てて、どこかに行く。何となく静かでおかしいなと思えるときがある。この逃去の哀しさを見抜くには、まだまだ時間がかかりそうだ。

人もミツバチも普段からの交流が大事で、お互いに相手がどういう存在かわからなければ不安にもなる。人間関係も同じで、巣箱を置いている人がどういう人かわかっていれば、盗まれるという心配はなく、お互いに見張ってくれることになる。人間社会も、政治・経済・文化・スポーツと交流が盛んなほど、戦争になることは考えられない。交流こそが最大の安全保障ともいわれる。徳川家康が国家を統一するまでは、大名が割拠していて各藩で戦が絶えなかった。今では、県境を挟んでの戦はありえないが、スポーツでは県対抗の野球やサッカーなど盛んである。北朝鮮のように封じ込められて交流がなくなると、何を考えているのかわからなくなり、不気味な存在になってくる。

ハチについてもどういうハチがおり、どういう生態かがわかってくると恐れるものではない。また、ミツバチでも女王、働き蜂、雄蜂の役割などわかってくれば親しみも湧いてくる。無防備に余計なことをすれば、刺されることもあるが、それはそれでミツバチとの距離の取り方を教えてくれる。

第三章　日本ミツバチの飼い方

何事も心技体

日本ミツバチの飼育は、その目的も方法も場所も人それぞれである。野鳥のように巣箱だけを貸している人、地鶏のように卵をもらうが放し飼いにしている人、それにペットの小鳥のようにかわいがる人、といろいろである。

ミツバチの飼育は、ミツバチが巣箱に棲みついてくれないと始まらない。飼育は、スポーツと同じように「心技体」が重要だと思っている。「心」は気力、つまり、熱意である。待ち箱を一年置いて入らないと、「うちあたりにはミツバチはいませんよ」と諦める人もいる。そういう人は、設置したままで巣箱の中に蜘蛛の巣が張っていたり、巣門が落ち葉でふさがれていたりするのを知らずにいる。熱心な人はミツバチが入っていなくても

我が蜂場

毎日のように覗きに行き、点検する。分封時期が過ぎても、初夏の頃の孫分封や、何かの理由で逃去した群れが入ることもある。春の分封時期に入居しなかったからと諦めず、待つことである。

　また、ハチの飼育は刺されることがあっても、やる気がなければ始まらない。普段眺める分には、構えることもない。巣箱の継ぎ足しのときや、ハチ蜜を頂こうとすれば、服装やそれなりの準備が必要である。特に夏の暑い盛りの作業は、気合いを入れてやらなければならない。面倒くさいと手を抜いていると、いつの間にか底板まで巣が伸びている。また、巣くずがたまってスムシがついていることがある。

熱意が人を動かすというが、熱意がハチを呼び込み育てるようだ。

「体」とは、体力である。ミツバチ飼育には体力がいる。そういう意味では、いい運動にもなる。趣味養蜂家は、我が庭先か目の届くところに巣箱を設置する人が多い。毎日、ミツバチの様子を見ることができるので、それなりの楽しみがある。体力があれば、自宅だけでなく、山にも置けるし、巣箱の数を増やすこともできる。山間地の人たちは、車が行かないようなところに置いている人も多い。丸同の巣箱は、丸太を繰り抜いたもので、蜜が溜まっていなくても重いものである。山奥に置くには良いかもしれないが、趣味養蜂には向かない。

体力が必要と言われると、高齢者や女性には大変な作業に思えるが、体力がなくても知恵を絞るのが「技術」である。還暦を過ぎると、体力の衰えを補うための技術も必要となってくる。「技」とは、ミツバチに対する知識や情報を、我がミツバチたちが長く多く生き残るため活用していくことと思っている。ミツバチの天敵であるスムシやスズメバチの対策など、頭を使わなければならないことも多い。体力に応じた巣箱の作成、設置場所の選定も技術を要する。

巣箱の作成から設置、スムシやスズメバチ対策、採蜜、越冬対策まで体力や環境に見合った技術が必要である。またそれを考えて実行することで、楽しみが増えていく。他の人がやっているのを参考にすることや、失敗から学ぶことも多い。ミツバチの飼育は人それぞれで、その人に合ったやり方をすればよいので、情報交換や工夫する楽しみが増える。

末長く飼育するには、ミツバチの心になって考えることだと思う。

日本ミツバチを飼うには餌はいらないが、日常の管理が大事であると思っている。入居した一、二年のうちには、何もせず置いておくだけなので簡単だと思ったりする。しかし、逃去される経験をすると、「日本ミツバチは奥が深い」と思うようになる。

ミツバチを手に入れる方法

ミツバチを飼いたくても、どこにでも売っているものではない。西洋ミツバチは、大手養蜂場で販売している。日本ミツバチは野生とはいうものの、自然の巣を見つけることは容易なことではない。インターネットで見ると、巣箱ともで数万円のようである。また、知り合いから譲渡されたり、購入している人もいる。自然巣は雑木林の木の洞《ほら》だけでなく、神社、家屋の床下、氏神様、墓石などに営巣していることが多い。何でもインターネットで探せる時代、検索すれば販売しているところも見つかる。ミツバチの品質保証や保証期間があるわけでなく、いつの間にか逃去することもある。そういうことを考えれば、誰彼にでも譲渡するわけにもいかず、本当にかわいがって大事にしてくれる人に限る。譲った後もその後が気になる。

日本ミツバチを飼育している多くの人は、ミツバチを購入するのではなく、自分で箱を作って棲みつかせるようにしている。ミツバチの生態がわかってくると、分封する季節に、空の巣箱を設置すれば棲みつくことが分かってくる。散歩しながら、近くにミツバチを飼っている家はないか、花に日本ミツバチが来ていないか、と楽しみが増える。近くに越冬した日本ミツバチがいるかどうかで、自分が確保できるかの期待度も大きく違ってくる。ミツバチの巣がどこにあるかわからない場合は、まずはミツバチが棲みつく巣箱（待ち箱）を設置してみることである。

魚釣りと同じで、その一回、一回には大きな期待とトキメキが込められている。魚釣りの餌に匹敵する蜜ロウを巣箱内に塗って、ハチが棲みつきやすそうなところに置いているだけである。最初は、ただ巣箱を設置するだけで本当に日本ミツバチが棲みつくとは思えない。ミツバチがいるかどうかもわからないところに仕掛けるのは、広い海で魚釣りをするのと似ている。

それだけに、巣箱に入居したときには、大物を釣り上げたような感動がある。魚の場合は魚影が見えたり、いなければ撒き餌をしたりする。ミツバチの場合撒き餌はなく、近辺に樹木や草花が多いかどうかなどの場所選定が大事である。撒き餌といえば、キンリョウヘンがミツバチを呼び寄せるランという意味では、撒き餌みたいなものだろう。小鳥の巣箱を設置するのと同じように、安全な場所で巣箱を気に入ってもらわなければ棲みつかない。

種蜂がいない場合

冬を越した最初の蜂群を種蜂《たねばち》と呼んでいる。養蜂のもとになる蜂である。箱を設置するにしても、もとになる種蜂がいるかどうかで、設置場所も考える必要がある。

ミツバチは春先に一つの巣から三回から四回分封する。この分封群を捕まえれば、ハチを増やすことができる。種蜂がいなくても、ハチはどこからか飛んできて花や新しい棲処を探している。

種蜂がいない場合は、素人が魚釣りをするのと同じようなものである。どういう場所が釣れそうか、どういうところに棲んでいそうか見当をつけなければならない。普段に散歩などで、日本ミツバチを見つけることができたなら、数キロの範囲内のどこかに、間違いなく日本ミツバチの巣があるはずである。公園や神社など大木のありそうなところが一キロ以内にあれば、どこかに棲んでいると考えられる。待ち箱の設置場所は、木陰になるところや人通りの少ないところ、庭先でも人の通りに邪魔にならないところがいい。

春先の天気のいい日にミツロウを溶かしてみるのも、ミツバチがいるかどうかを見る一つの方法である。近くにいれば、その匂いにつられて飛んでくる。一キロ離れていても嗅ぎつけるミツバチの嗅覚は凄いものだ。

いるかいないかわからないハチを待つ――。そして予期していなかった巣箱にハチが入った感動は忘れ難い。ある八十歳になる方は「宝くじが当たったようだ。いつもは飲まないが、今夜はビールで祝杯を上げます！」と言っていた。また、初めて設置した場所に一緒に行って、巣箱から出入りしている蜂を見た知人は、飛び上がらんばかりに「今日は赤飯でお祝いだ」と喜んでいた。

種蜂がいる場合

現在、近くに種蜂となる自然巣なり、誰かが飼っている人の箱があれば、入居率は一気に高まる。種蜂が一キロ以内にいれば、偵察蜂が設置した空巣箱に様子を見にやってくる。分封群がどこまで飛んでいくのかはよくわからないが、働き蜂の行動範囲は二〜三キロといわれている。我が家に飛んできたのは、直線距離で約一キロ先の神社からのようだ。

自宅に種蜂がいる場合は、分封の時期が予想できる。巣箱に雄蜂が多くなってくると、分封が間近い。分封群が渦を巻くように出ていくと、近くの木の枝に停まることが多い。そこに子どもの頭程度の蜂球ができる。これを確実に留まらせるように、分封誘導板という蜜ロウを塗り付けた板を置く。枯れた古い竹を設置している人が多い。

分封時期になると、巣箱の様子が気になってくる。蜂友との連絡や情報交換が気持ちを高ぶらせる。

巣箱のいろいろ

どういう巣箱にハチが棲みついてくれるのだろう。まずは「百聞は一見に如かず」で、先輩の巣箱を観察して真似して作ることだと思う。日本ミツバチの巣箱に大きさなどの規格はなく、それぞれの好みでつくればよいのである。「ミツバチが好んで入ってくれるかな」「大きさはどのくらいがいいかな」「安心して棲める巣箱かな」とミツバチの気持ちになって考えるだけで、夢が膨らんでくる。ハチの出入りする巣門は、横向きがいいか、縦向きがいいかと考えている人もいる。巣箱が古くなって隙間ができたり、節穴ができたりするとそこから出入りする。いつも玄関から入るとは限らない。それ故に、巣箱をつくる段階から楽しい。趣味養蜂家にとっては、ハチ蜜の採取よりもまずは棲みついてくれることが一番である。

丸胴式巣箱

山間部で用いられているのは、丸胴式巣箱が多い。これは高さ六〇センチぐらい、外径四〇〜五〇センチもあるような丸太の中をくり抜いたものである。チェンソーもなかった昔は、洞になった丸太を切り倒して作っていたのだろうと思う。昔の人は、丁寧に思いを込めて作っていたのだろう。それが、今の「ウド」と呼ばれる丸同の巣箱になったと想像がつく。

山間地では、糖分や薬として利用するため、どの家にも一個か二個の「ウド」の巣箱が置いてあったという。いずれにしても空箱でもかなりの重量がある。このような巣箱は、設置したら秋に採蜜するまでそのまま置きっぱなしである。趣味というより、生活必需品として毎年秋に自然の恵みとして頂いていたものだろう。

今では、広葉樹の洞になった丸太は、なかなか手に入らない。そのうえ、丸太をくり抜く作業が大変なことと、壁厚が五センチほどあるので重い。それで、くり抜くことなく厚さ三センチほどの厚さの板で、内径二五センチ、高さ五〇～七〇センチ程度の巣箱が作られている。板厚が三センチ程度にしてあるのは、スズメバチ対策や保温のためと考えられる。それだけに、頑丈なつくりで、人里離れたところに、ある意味置きっぱなしとするのに向いている。数えるほどの巣箱であれば管理もできるが、数が多かったり、遠かったりすれば、やむを得ないことでもある。

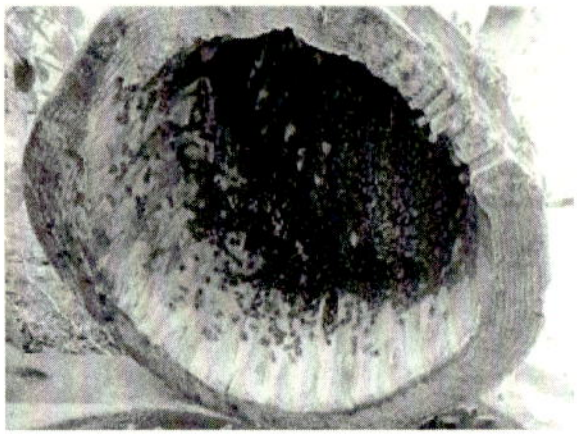
丸胴式巣箱（上）とその内部（下）

伝統的に日本ミツバチの養蜂が行われ

ハイブリッド巣箱

重箱式巣箱（上）
とその内部（下）

ている地域の中には、現在も丸胴式巣箱が主流であるが、現在では、山間部では杉丸太をくり抜いたものをよく見かける。

重箱式巣箱

重箱式の巣箱は、板を切ってビスで止めるだけの簡単なものなので誰にでも作れる。今では、縦型巣箱は日本ミツバチが入居した場合のことを考えて、そのまま重箱式に移行できるようにしている。そのために、箱の内径の大きさをほぼ同じ大きさにし、巣門を角材で別個に作り、その上に縦型巣箱を載せることにしている。

　ミツバチが入居し、ある程度巣房が成長してきたら、縦型巣箱の下に重箱式巣箱を継ぎ足せるようにするのである。また、巣箱を載せる台は、どこでも設置できるように簡易なビールケースや野菜を入れるコンテナを利用している。これなら知り合いの家に置くことも持ち運びも簡単である。

「重箱」というように、箱のような木枠を重ねていくものである。巣の成長に応じて下の方に新しい木枠を一段ずつ継ぎ足していく。ミツバチは巣の高さの半分より上の方に蜜を溜め、半分より下の方で子育てをする。それで、巣の成長を確認しながら、上の段から蜜を採ることができる。一番下の段は、蝶つがいをつけた開閉式にしておくと中の様子が窺える。

花が少ない冬などは、お湯と砂糖を一対一で作った砂糖水を中に置き、蜜不足を補うこともできる。砂糖水を入れた給餌をすると、皿のふちに見事に並ぶ。そういう意味では家畜であり、ペットでもある。巣箱の中の様子は懐中電灯で照らして手鏡を入れるとよく見える。

給　餌

最初は、待ち箱に縦型巣箱を使っていたが、今では重

巣枠式

箱式巣箱を基本的に考えている。高さ五〇センチの縦型をそのままで使用していたら、巣落ちしたことがあった。そのため、それを半分に切断し、二段にしたその二段目には、十字の巣落ち防止の棒を入れている。最近は、重箱式の下に丸胴の半分を置くハイブリッド式も待ち箱に使っている。

巣枠式巣箱

巣枠式巣箱は、都市部で飼う人や自宅で数箱飼う人に人気があるようだ。西洋ミツバチの場合と同様に巣枠に巣をつくらせるもので、女王蜂の確認や巣板の成長具合を観察するには向いている。

知人からこの巣箱をもらったので、キンリョウヘンを置いて分封に備えた。探索蜂は来たが、分封群は入らなかった。それで強制的に捕獲したのを入れて棲みつかせた。順調に成長していると思っていたら、一カ月もするとスムシにやられた。何故かスムシが付きやすいようだ。

棲みついたからと安心していると、巣枠と巣枠がくっついているときがある。日本ミツバチは、巣の補強のためか、巣房と巣房をミツロウでくっつける習性がある。そのため、ミツロウで巣枠をくっつけるので、点検のたびに一枚ずつ抜けるように切ってやらねばならない。日本ミツバチにすれば、家の中を毎日のように点検されるのは気持ちのいいものではないかもしれない。

場所いろいろ

日本ミツバチは、南は奄美大島から北は青森まで棲んでいるといわれている。北海道に棲んでいないのは何となく理解できる。しかし、東洋ミツバチの亜種である日本ミツバチが何故沖縄にいないのだろうと疑問に思っていた。それがある時、沖縄の人から問い合わせがあって疑問が解けた。沖縄は、七月から九月は台風の季節で、花がほとんどないのだそうだ。花があっても、台風のたびに花が引きちぎられてしまって蜜源とはならないということだった。

その方は、日本ミツバチを沖縄で飼いたいと思ったそうだ。西洋ミツバチがいて、何故日本ミツバチが飼えないのか疑問に思ったのである。西洋ミツバチと同じように、餌を与えれば飼えないことはないと考えたのだ。そのためには、最初の一群を何としても確保しなければならない。それで、ハチを宅急便で送ってもらえないかとのこと。宅急便が生き物を取り扱うのか、難しいのではと言うと、「もしそうなら、宮崎まで受け取りに行く」とおっしゃる。念のため、宅急便に問い合わせた。ミツバチだけを運ぶ業務契約を結べば運べないことはないが、一般の宅急便では運べないということだった。

その熱意に打たれて、さらに調べていたら、五年ほど前に本土から仕入れて「琉球ミツバチ」として飼っている人がいることがわかった。先人がいたのである。その情報を知らせて一件落着となった。

沖縄に自然巣がないのは、先の太平洋戦争で島全体が焼き尽くされ、洞となる大木がないことも一因なのではと考えた。台風のせいばかりではないだろう。台風の常襲地帯でも屋久島は縄文杉に象徴されるように大木の山が残っている。ここには、日本ミツバチが生存しているのである。

宮崎は台風は毎年来るが、沖縄のように頻繁には来ない。しかし、宮崎でも夏は花が少ない。そのうえ近年は、キュウリやトマトなどの野菜は、ビニールハウスの中で作られるものが多く、蜜源となる植物は少なくなっているように思う。

狭い庭の自宅では、分封時に近所に迷惑をかけることも考えられ、巣箱を多く増やすことができない。近くに里山があれば理想の環境だが、趣味養蜂であればできるだけ目の届くところで飼いたくなる。田んぼや畑は農薬散布が行われるので不向きといわれている。最近は貸農園で家庭菜園を楽しんでいる高齢者も多い。そういう人たちは、無農薬か低農薬で野菜を作っている人が多い。

家庭菜園での飼育

ある蜂友は、貸農園の畑で日本ミツバチを飼っている。貸農園を何人かで借りて、家庭菜園を楽しみながら養蜂も、というのである。その畑には、巣箱の前に古竹のトラップが作ってあり、ほとんどの分封群がそこにぶら下がると言っていた。近くには大きな木がないので、分封時に停まるところがない。

それで、孟宗竹のトラップで捕獲している。それを見ていた他の人も、自分の区画の畑に巣箱を設置したら入居したそうだ。

宮崎市内でも三階建てのビルの屋上で飼っている人もいる。周りは、近くに大淀川があり、マンションや商店があって住宅街となっている。それ故、大きな木はないし、緑が多いとも思えないが、一キロほど離れたところには、森林公園（天満神社）や神社（恒久神社）がある。旅館のおかみさんがハチをやってみたいと関心があり、一箱持っていった。順調に育ち、越冬もして春には分封もした。最初の分封は、同じ屋上に設置した空箱に入った。他は下にある桜の木に停まったり、隣家の木に停まったこともあった。不思議なことに、屋上で採れるハ

床下の自然巣

ビルの屋上飼育

チ蜜は、庭で採れるハチ蜜より糖度が高い。地面から離れているので、湿度が低いからかもしれない。

巣箱の巣門の向きは、東向きか南向きがいいとよく聞くが、北向きの斜面でも入っている。ある時、巣門を南と北の二カ所にして様子を見てみた。そうすると、春は南向きの出入りが多く、夏になると北の出入りの方が多かった。巣箱の前が開かれていれば方向はあまり関係なさそうだ。ミツバチは巣箱を出てから、反対方向でも花のある方に飛んでいく。

季節いろいろ

春の日本ミツバチ

春は、生きとし生けるものが最も活発な時期である。植物は芽を吹き、多くの花をつける。昆虫は卵からかえり、新しい命が誕生する。また、越冬した昆虫も地上に出てきて活発に動き出す。先人たちが年度の変わり目をこの時期にしたのは、さまざまなドラマのある自然の変わり目を感じていたからかもしれない。春は人にとってもハチにとっても、別れや出会いの季節でもある。

宮崎の春は、節分の立春の頃から始まる。二月になると「球春到来」と言われ、プロ野球のキャンプが始まり、大勢のファンで賑わう。一月下旬から二月上旬にかけて梅の花が見頃となる。三月末には桜が咲く。最近は地球温暖化のせいか、開花の変動が激しい。三月は卒業や退職、四月は入学や入社、転勤など別れと出会いがある。春のイメージは陽気で暖かく穏やかな花いっぱいの季節で、チョウやミツバチが飛び交っているものだった。最近は、南岸低気圧と春の嵐とか、雪が降ったり、初夏を思わせる日もある気候変動の激しい季節である。レンゲの花が見られなくなって久しい。昔は六月の田植えの頃までレンゲの花があった。種のできたレンゲを牛馬で鋤《す》き込んで肥料としていた。

一年を通じて最も心がうきうき、わくわくするのが、春の分封時期である。ミツバチも梅の開花で、分封の準備が始まるようだ。三月になると巣箱の前が活発になってくる。越冬した巣箱があれば、分封に備えて分封群が停まる古竹のトラップ（止まり木）を設置し、空き箱を近くに用意する。分封群が近くのトラップや木の枝に停まれば、捕獲し箱に入れる。この巣箱に入れる作業を、一人でする人もいれば、何人かでする人もいる。

高い木に停まった蜂球のハチを残らず捕獲することは不可能に近い。タモのような網ですくって巣箱に強制的に入れることが多い。それで、女王が入っているかどうかを確認するため、入れた巣箱の蓋を一センチほどずらして隙間をつくる。飛んでいるハチが巣箱に入るようだったら、女王は巣箱に確保できたと証と思っている。また、手の届くところに停まったら、蜂球の上に空き箱を被せるとひとりでに入ってくれる。分封群を捕獲しなくても、待ち箱を設置して巣箱に入っているかを見て回るのが楽しい季節である。

夏の日本ミツバチ

梅雨明けの暑いときなど、人間も外での活動が億劫になる。六月下旬には、近くの田んぼで早期水稲の薬剤散布が行われる。近くに巣箱がある場合は要注意である。散布予定は、県の農林振興局に届出をしていれば、散布の通知が来る。散布予定日時が書いてあり、「事前に巣箱の移動など対策をとってください。また、当日の天候で変更になることもあります」というものである。巣箱の移動など、口で言うほど簡単にできるものではない。

ある知り合いは、巣門を塞《ふさ》いで〝三日間外出禁止〟にしたと言っていた。

「熱中症に気をつけなさい」と言われる頃、ハチたちも暑さにはたまらない様子で、巣箱の外に多く出て巣箱に張り付いていることがある。涼んでいるのか、中の暑さを和らげているのか、あまり動かずに板壁に張り付いているのがよくみられる。巣門からは働きに出かけるハチや花粉を抱えて帰ってくるハチもいる。しかし、張り付いているハチは、もぞもぞとうごめいているだけである。暑さにばてたのか、とにかく働いていない。真夏日と呼ばれる気温三十度を超えると、このような光景が見られるようだ。

『働かないアリに意義がある』という本があったが、これらの働き蜂はどういう役割をしているのだろうか。遮光をしていると聞いたことがあったが、木陰に置いてある箱でもいっぱい付いているのがある。箱の継ぎ足しをしたら、少なくなった。送風行動も、「真夏日」を超える気温では、外の空気を中に入れても冷やしていることにならない。それで、外に出て涼むのだろうと思う。

夏の涼み

夏のミツバチの朝は早い。夜が明ける頃には起きだす。歳をとると、朝早く目が覚めるので、四時前に起きて電気をつけると、灯りめがけて窓にブンブンと寄ってくる。網戸の隙間から部屋の中まで入ってくることもある。巣箱の外に張り付いているハチが灯りの眩しさに飛んでくるのかもしれない。女房から「朝早く起きるのはいいけど、ハチを起こさんで！」と言われる。それで仕方なく、暑いときであるが、できるだけカーテンで光が漏れないようにしている。昼働かなった分、夜働くつもりだったのかもしれない。

もっとも、夏は思いのほか花が少ない。冬より花がない。夏の花は、タラの木、ヤマボウシ、山芋、ヤマブドウ、ヤブガラシなど弦《つる》性の植物が多い。

台風

宮崎の夏といえば台風である。最近は大きな台風が頻繁に来るようになった。昔は台風は秋に多かった。そのため、宮崎では七月末から八月初めに稲刈りができる早期水稲が主流となっている。それが最近では、梅雨の六月から台風がやってくるようになった。また、野菜はビニールハウスが多いため、鉄製の骨組みのハウスが多い。農家は、台風のたびにハラハラである。宮崎は台風の進路が少々ずれたといっても、その影響を受けない年はない。

台風は、ミツバチにとっても災難なのである。巣箱が倒れるのは、台風を甘く見た管理人の怠慢である。木の洞に作っている自然巣でも、風向きによっては木が倒れないとも限らない。これから地球温暖化で毎年のように大きな台風が来るようになると、日本ミツバチは沖縄のように九州南部でも棲めなくなるかもしれない。

今までに何回か、巣箱が倒れたことがあった。倒れた箱にそのままミツバチが留まっていたこともあった。倒れた箱から、巣板が折れてミツバチが下敷になり、多くのハチが犠牲になっていたのもあった。その箱の巣房の下敷きにならなかったハチたちは、どこかに逃げていなくなっていた。蜜が流れ出て、他のミツバチが盗蜜に来ていた。このようなことがないように、今では入居している巣箱はロープで固定している。

秋の日本ミツバチ

秋は収穫の季節である。ミツバチ、スズメバチはじめあらゆる生物は、冬の準備を始める。スズメバチは次なる女王が、朽ちた木や腐葉土の中に潜り込み、越冬する。秋のそよ風が吹くようになると、ミツバチたちも冬に向けて動きが活発になってくる。それで、越冬用の貯えができた頃を見計らって、ハチ蜜の収穫をする時期でもある。

四月に新しい巣箱に入ったハチは、春から夏にかけ精いっぱい働いて、暑い夏に備えて食料を貯える。夏は花も少なく、働かないハチも多いため、蜜の消費量も多い。巣箱を持ち上げてみると、軽い場合も多い。秋は冬に備えて貯えをする。そこで、ハチ蜜をいっぱい貯め込んだ巣箱は、管理人が〝家賃〟としていくらかもらおうという算段である。巣箱を何十も置いている人は、七月頃から採蜜しないと間に合わないという人もいる。数箱の趣味養蜂家は、十月に採蜜という人が多い。

秋といっても、いつ採蜜するかは人それぞれである。コスモスやセイタカアワダチソウが咲く頃になると、ミツバチも冬の準備が忙しくなる。セイタカアワダチソウが咲く前に採蜜して、その後越冬用はセイタカアワダチソウの蜜を貯めてもらう。秋から冬にかけての花も多くあるように見えるが、咲く時期も少しずつ違っており、巣箱が複数あるところでは、少なめに採蜜した方がハチのためにはよさそうだ。

ミツバチだけでなく、他の昆虫やジョロウグモも冬を迎える準備をする。その中でも、オオスズメバチは女王蜂が地中で越冬するため、栄養をたっぷり取って冬に備える。その栄養にするため、ミツバチの巣箱が襲われる。秋はこのオオスズメバチとの戦いも避けられない。オオスズメバチに狙われると、スズメバチ捕獲器をつけて対策をしても、ミツバチは外に出ていけず、働けないことが多い。そうすると、籠城の間に蜜を消費しているため、巣箱を抱えても軽くなっている。

冬のミツバチ

宮崎の冬は雪が降らないので、寒いときが冬という感じである。冬でも暖かいときもあり、韓国や雪の降る地方から、ゴルフに来る人も多い。冬でもサーフィンをする若者もいる。昼間の暖かいときには、ミツバチも外に盛んに出ていく。冬の花はないように見えて、それでも結構ある。山茶花《さざんか》、ビワ、椿、お茶、ツワブキなど、夏より多いぐらいだ。

氷点下になるような冬の寒いときには、巣の中心部でお互いに翅をこすり合わせて摩擦熱で暖を取るのだそうだ。しかも、巣房が何枚かあるうち外側は断熱材として残し、中心部の巣房をかじって、そこに塊となって暖め合うのだという。冬点検すると、真っ黒い塊となっているのが見え、大きなぼた餅がぶら下がっているようで、ほとんど動きはない。犬の散歩中、飼い主が犬に服を着せているように、寒い日は思わず巣箱に毛布でも掛けてやりたくなる。人間が寒いとハチも寒いのではないかなと思ってしまう。

寒さ対策が必要と書いてある本が多いが、宮崎では床下で越冬する自然巣もあるくらいなので必要ないと考えている。宮崎では、氷点下になることは滅多にないので、板厚が一・八センチもあれば、防寒対策はいらない。防寒だけなら、もっと薄い板でもいいのだろうが、一・五センチ程度の板厚だと、オオスズメバチが穴をあける。スズメバチ対策のため、ある程度の厚さは必要である。それより、冬でも突風や風の強い日もあるので、巣箱が倒れないようにロープで止めておくことが大事だと思っている。

冬のハチは神経質になっているので、刺されることもある。春から夏にかけてハチが増えるときは、滅多に刺さない。冬のハチは歳取ったハチばかりで、おとなしくしているようでも寒いせいか機嫌が悪く、ちょっとしたことで向かってくる。

日中の気温が十度以上にならないと外に出かけない。そのため、活動する時間も昼間の数時間である。巣箱の外気温が十度以上で日差しが強いときは出かけるし、十度を少し上回っていても曇っていて風が強いときには出かけないようだ。気象条件を読む「一寸の虫にも五分の魂」がある。

飼育方法・ミツバチとのつきあい方・定期点検

日本ミツバチの飼育方法は、野生なので箱に棲みついてくれるように願うだけで、特別にはない。ペットの犬や猫のように、食事の世話や散歩に連れて行ったりする必要もない。

巣箱が大きければ下に伸びる巣房の成長は遅いが、内径が小さいと巣房の成長が早くなる。

重箱式巣箱の場合は、巣の成長につれて重箱の木枠を継ぎ足してやるだけである。ただ、継ぎ足すときに誰か助手がいれば、巣箱を持ち上げている間に重箱の木枠を下に継ぎ足せばいい。一人の場合は一旦横に置いて、開閉式の箱の上に新しい木枠を置いて、また巣箱を載せるようにしている。そのとき、できるだけハチを潰さないように、そして怒らせないよう、慎重に作業しなければならない。

また、市街地で飼う場合は、あらかじめ隣近所に了解というか、飼っていることを知ってもらった方がやりやすい。分封ではないが、私が外出しているときに逃去したことがあった。女房や隣人たちは蜂の大群にびっくりして、隣から「ハチが来て停まっているよ」と電話で教えてもらった。急いで帰ってみると、隣の庭のイヌマキの木に蜂球ができていた。その家の二階のベランダから網ですくいとり無事収納したことがある。隣のご夫婦は、家の中から窓ガラス越しに捕獲の作業を見ておられた。逃去するということは巣箱に異変が起きたときであるから、捕まえて入れてもまた逃げることが多い。そのため、住宅地で飼う場合も、別に蜂場を確保しておいた方がよさそうである。

自宅前を人が通行する道路の場合、巣箱が低いところにあると、ミツバチが巣箱から元気よく飛び出して、人にぶつかる場合も考えられる。敷地が広ければいいが、市街地の住宅地は限られている。それで、垣根の高さを人の背丈より高い二メートルぐらいにし、巣箱は垣根より二メートルぐらい手前に置いて、地面から五十センチぐらいの巣門の高さから飛び出すようにしている。そうすると、ミツバチは急な角度で垣根を越えて、遠くに出かけていく。

分封群蜂球

蜜を腹いっぱい貯めたハチは重いのか、低く飛んでくるものや遠回りして人ほどの高さで玄関前を通ってくるものもいる。孫が帰ってきたときだけは、スダレで横の方をふさぎ、まっすぐ飛ぶように誘導している。ぶつかっても刺すわけではないと思っていれば、そう怖がることでもなさそうだ。

点検の時は、綿布、ゴム手袋、長袖で肌が露出しないようにすること。私は、底板を抜いて手鏡で見るようにしている。一段の巣落ち防止の棒が見えなくなってきたら、箱の継ぎ足しが必要である。

ミツバチの産物

ミツバチ飼育の副産物として、ハチ蜜の採取も大きな喜びである。副産物というより、これを目的に飼育する人も多い。採れたハチ蜜は、巣箱を貸した家賃だと思っているのだが、皆が皆払ってはくれない。家賃を払うまでに、スムシという天敵にやられたり、いつの間にか逃去して思うようにいかない。

日本ミツバチのハチ蜜は、西洋ミツバチのように特定の蜜を集めるのでなく、いろいろな花の蜜を集める。巣箱に帰ってくるハチを眺めていると、白、黄色、橙と何色もの花粉をつけて帰ってくる。いろんな種類の花に集蜜に行っていたことがわかる。集められた蜜は、そのまますぐ食料となるわけではない。ミツバチが持ち帰る蜜は蜜胃と呼ばれる器官に一旦蓄えられ、巣に帰ると鵜飼いのように吐き出させる。内勤のミツバチがその蜜を加工し、巣穴に詰める。

ハチ蜜はショ糖、果糖、ブドウ糖からできている。花蜜の主成分であるショ糖は、ハチの体内での酵素反応でブドウ糖と果糖に分解され、さらに濃縮脱水される。花の匂いが花の種類によって違うように、ハチ蜜の味も花によって変わる。日本ミツバチのハチ蜜は、百花蜜と呼ばれるようにその地域、季節、花によって微妙に味が異なり、同じものはなく、ブレンド蜜である。

秋に蜜を採る場合、重箱の一段か二段なので、多くて二升ぐらいではないかと思っている。蜂群が多ければ多いほど採れることになるが、今のところ四～五群の採蜜をしている。採蜜の時期は、越冬した巣箱は分封後の五月中頃、その年の春に入居した巣箱は秋の十月頃に採るようにしている。

重箱を切断したところ

採密の時期は、人それぞれである。夏から秋にかけては注意が必要だ。九月に入ると、花も多くなり、女王の産卵も活発になってくる。働き蜂も盛んに蜜や花粉を運ぶようになる。それに、巣箱の中心から下の方では、ハチの幼虫が入っていることが多い。ハチ蜜目当てで、早く蜜を採りたい人は、蜜に幼虫が混じらないように、その部分を切って捨てる人がほとんどだ。重箱式巣箱は、夏に採ると巣落ちすることも多い。重箱で何段採るかも問題。半分採ると、ハチ児が入っている。ところによっては、濁り蜜といって好まれることもあるようだが、一般的には純粋な方が好まれる。

夏に採密すると、糖度も低い。糖度七七度以下のハチ蜜は発酵しやすい。それで七八度以上に乾燥剤を使って糖度を上げる。できれば、十月から十一月の採蜜がよい。セイダカアワダチソウの花が咲く前か、咲いた後に採る。日本ミツバチ養蜂家は、秋に一回採るというのが一般的である。しかし、その秋が来る前に、スムシやスズメバチにやられることも多いので、「あの時採っておけばよかった」となる。いつの間にかハチがいないと思ったら、逃去している。働き蜂が蜜を抱えて出ていった後なので、巣箱を抱えても軽くなっている。

趣味養蜂は、できるだけハチにダメージを与えないように、採蜜の時期や量を考えるべきであると思う。

日本ミツバチのハチ蜜は、希少価値もあって西洋ミツバチの倍以上の値段で売られている。しかし、商品としては品質が一定でなく、比較は難しい。場所によって、季節によって、味も糖度も一定ではない。また、品質の基準があるわけでもない。盆栽のように一鉢ごとに味わいのあるもので、二つと同じものはなく好みは人それぞれである。

西洋ミツバチは人からも重宝がられるプロポリスという物質を集める。ミツバチが採集してきた樹液とハチの唾液を混ぜ合わせてできた物質である。日本ミツバチは、プロポリスは集めない。

また、蜜ロウという副産物があり、貴重なものである。ハチ蜜を採った粕を火でたくとロウができる。日本ミツバチの蜜ロウは保湿効果も高く、ハンドクリームやリップクリームの材料にもなっている。絞り粕の絞り汁は、ハチ寄せに使える。ミツバチの産物は、捨てるところがない。捨てることなく、すべてありがたくいただきます！　余談だが、養蜂家に嫌われるスムシは、ヤマメなどの魚釣りの餌となる。

ミツバチの病気

家畜とは、牛や豚のようにその生殖がヒトの管理のもとにある動物とのことである。つまり、家畜は生殖が管理されているため、身体の拘束も必要になる。また、飼養動物と野生動物との大きな違いは、飼い主に慣れているかどうかの度合いだそうだ。それが一般的に、飼養動物として認めてもらえるか否かに関わってくるようだ。家畜といえば牛、豚、鶏など人間の食料となるものや人間に飼われているものと思っていた。それが、昆虫のミツバチが家畜とは思いもよらなかった。

宮崎県は今までに、牛豚の口蹄疫、鶏の鳥インフルエンザなどの家畜伝染病を経験してきたので、家畜の病気に関しては敏感である。冬が近づいてくると、鳥インフルエンザの注意が呼びかけられる。カモなどの野鳥は、多くの場合「感染し、保菌すれども、発症せず」という状態で、ウイルスを体内に抱えたまま元気に渡ってくる。これに対して鶏のように、人間に飼育された鳥（家禽）は「感染し保有し、かつ発症し、死亡する」という症状を示すのだそうだ。感染するのは何万羽も飼育するブロイラーが多い。地鶏が鳥インフルエンザに罹《かか》った話はまだ聞かない。アニマル・ウェルフェアが叫ばれるはずだ。アニマル・ウェルフェアとは、動物の快適性に配慮した飼養・管理のことで、「動物福祉」と訳される。

牛や鶏ならともかく、まさか昆虫に病気があるとは考えたこともなかった。ミツバチに病気があると知ったのは、日本ミツバチを飼い始めて数年してからである。西洋ミツバチには、フソ病、チョーク病、ノゼマ病、それにバロア病（ミツバチヘギイタダニ）、アカリンダニ症などがある。ところが、日本ミツバチはこれらの病気やダニに強いといわれている。

我が国では、西洋ミツバチは家畜として飼われているので、疾病に関しては家畜伝染病予防法で管理されている。この法律では、フソ病が法定伝染病に、チョーク病やノゼマ病、バロア病、アカリンダニ症が届出伝染病に指定されている。西洋ミツバチはこれらの病気にかかったら、家畜保健衛生所に通報した上、病気の巣箱はすべて焼却するそうだ。口蹄疫でもそうだったが、殺処分という方法に胸が痛む。

西洋ミツバチを飼育している人たちは、これらの病気に敏感になっている。特に大規模に飼育している養蜂業者は、花を追いかけて他県に移動する場合は、家畜保健衛生所の検査を受けなければならない。また、それを受け入れる県は、その証明を確認することになっているようだ。

西洋ミツバチはミツバチヘギイタダニがよく付くといわれている。日本ミツバチは、このダニには強い。サルがお互いに蚤《のみ》とりをするように、グルーミングしてお互いにダニを取り合う。それで、このダニでやられることは少ない。

最近は、アカリンダニ症というのが、日本ミツバチを飼育する趣味養蜂家にとって全国的に話題となっている。この病気は、目に見えないダニがミツバチの器官につき、死に至らしめるというものである。アカリンダニ症に罹ると認知症ではないが、徘徊したりするそうだ。

恐怖のハチ児出し

同じミツバチでも、日本ミツバチは家畜という意識はなく、病気については全く考えていなかった。ところが、世界的に蜂群崩壊症候群（ＣＣＤ）という現象が世界各地で起こり、ニュースでも取り上げられるようになった。その数年後からだと思うが、「ハチ児捨て」現象が大隅半島から始まって、宮崎、大分、中国、四国地方と北上して、今では千葉県でも確認されている。調べた結果、ウイルス病の一種、サックブルードウイルス病とわかった。この病気は、一九八〇年代に東南アジアのタイで猛威をふるい、タイの在来種養蜂が一旦壊滅したというものである。宮崎の蜂友の間でも、このハチ児捨てが一番の関心事であり、戦々恐々としている。

二〇一六年十二月、自宅に置いている巣箱のハチ児出しが始まった。それで、家畜保健衛生所に電話して問い合わせた。「すぐにでも調べます」と翌日には、三人で自宅に来てもらった。口蹄疫を経験した宮崎県は、さすがに対応が早いなと感心した。

西洋ミツバチの検査はしているが、日本ミツバチを検査するのは初めてで、日本ミツバチの飼育方法や巣箱は初めて見たとのこと。三十分ほど話をしてから死んだ幼虫をビニール袋に入れて持ち帰られた。二週間ぐらいして電話があり、「サックブルードウイルスの陽性反応が出ました。癌と同じで特効薬はありません」とのこと。癌は皆遺伝子を持っていて、年齢や体質によって発症するのではないかといわれている。「ミツバチの病気も個体それぞれが遺伝子を持っているのと同じで、発症するかどうかの問題。発症の原因はストレスではないか。ストレスは、農薬やミツバチの移動など環境の変化ではないかと思う」と言われた。

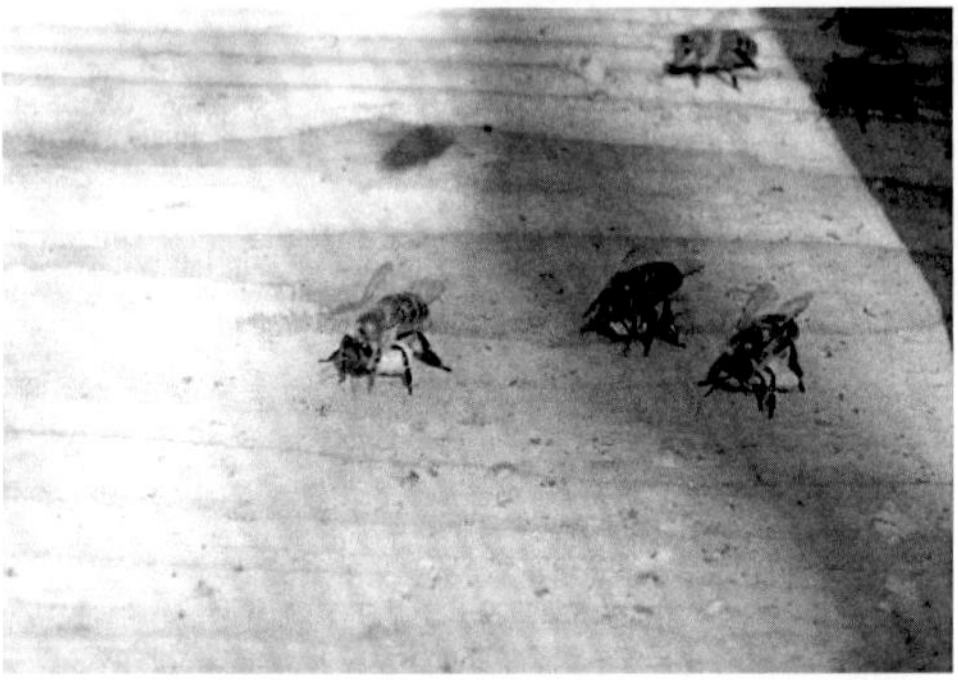

ハチ児出し（上）とハチ児捨て（下）

十二月初めに始まったハチ児出しの巣箱は、次の年の五月でもいくらか出入りしていた。ということは、働き蜂と女王は、皆が皆ウイルスを持っているとは限らないのではないか。新しく生まれた働き蜂の大半はウイルスにやられるが、生き残るものもいるということではないかと考えた。それで、家畜保健衛生所に女王一匹、働き蜂五匹をビニール袋に入れて持っていった。そこでは検体を渡せばいいかと思っていたら、獣医の問診が始まった。「ハチ児出しは、いつから始まりましたか?」「一日に何匹、児出ししていますか?」「朝が多いですか?」と、こちらが医者から診察を受けているような気分だった。人間の医者は「どこが痛いですか?」と聞くが、獣医は「何を食べましたか?」「どのような環境にあるか?」を聞くのだそうだ。

平成二十九年六月に、家畜保健衛生所から『病性診断成績書』が送付されてきた。「働き蜂については、SBV（サックブルードウイルス）の陽性、女王蜂は陰性」ということだった。「SBVが健常群からも比較的高頻度で検出されることから、今回の蜂群崩壊症候群との関係については不明でした」とあった。

不思議なことに、この病気ではスムシと違って逃去することはない。この病気に罹ると、「殺処分は忍びないので、座して死を待つ」心境であるという人もいる。毎日、子どもを運び出す姿を見ると、何もしてやれない悔しさでいっぱいだ。

飼育届

平成二十五年一月一日に養蜂振興届けが改正された。それまでは、ミツバチを「業」として飼育する者は届けなければならなかった。それが、「ミツバチを飼育するものは届けなければならない」となり、趣味で飼う者も届けなければならなくなった。農林振興局か最寄りの市町村に届けることになっており、その年に飼う予定があれば、まだ棲みついていなくても、巣箱を設置した場所を届けなければならない。適正な蜜源の管理や伝染病の防止のため、ミツバチの適正管理が必要とのこと。西洋ミツバチは、ハチ蜜採取が目的で飼う人がほとんどなので、以前から届けるようになっていた。日本ミツバチは、趣味で飼う人がほとんどである。それで、業としては成り立たないので、ほとんどの人は届けていなかった。

二〇一六年末に提出したところ、一月になって問い合わせの電話がきた。「巣箱の置いてある住所に、地名だけで番地の抜けているものがあります。番地まで記入してください」とのこと。「許可を得て空き家においてある巣箱は、我が家ではないので番地まではわかりません！」と返事すると「調べてください」ときた。「それなら山に置いてある点在した箱は、一箱ずつ番地を書くのですか？　ミツバチが入るかどうかもわからないのですよ」。すると、「一年間の計画ですから、全部の箱の所在地が必要です」と返された。日本ミツバチの生態や実態を知らないから、こういうことを言うのだと思った。そこまで言うなら、「昨年からハチ児出しをしているんですが、調べてくれますか？」と聞いた。今度は、「それは、振興局ではありません。家畜保健衛生所に聞いてください。振興局ではミツバチの適正配置を把握するため、実態を把握しなければなりません」とのことだった。

それで、前述の「ハチ児出し」のことで、家畜保健衛生所に問い合わせることになったものである。

野生の日本ミツバチが家畜扱いされるのは、あまり好きではない。しかし、病気に強いといわれていた日本ミツバチも、今ではハチ児出しなどの病気を防ぐためには届けることが必要なことと思っている。

鳥獣被害とミツバチ

先人たちは自然の中で生き、バランスよく鳥獣と調和しながら生きてきた。それがいつの間にか人間だけが生き残ろうとして、あらゆる生物を敵としてきた。その結果、人は都市部に集中する一方、山間地では人がいなくなり、鳥獣とのバランスが崩壊したということだろう。そして、人間社会の中でも、自分だけが生き残ろうと競争しているとしか思えない。

近年、都市部では少子化を補うように犬猫はじめ様々な動物が飼われている。もはやペットとしてではなく、「家族の一員」としての期待もあるのだろう。蛇やハリネズミまでペットとして飼われている。

最近中山間地では、人口減少とともに、鳥獣被害が大きな問題となっている。被害額は二〇一五年度で百七十六億円にもなるそうだ。秋になると、熊やイノシシが街の中に現れたというニュースをよく聞く。最近は、どこの畑も田んぼも電子柵で囲んであるのを見かける。子どもの頃は、飼い犬とも野良犬ともつかない首輪のない犬が多くいた。人間の歴史は、鳥獣との共存と闘いだった。しかし人前に現れてこなかった動物が、人口が減るにつれ現れるようになった。人間が、数の少なかった鳥獣が生きていける環境にしてしまったのである。外来種も同じで、今まで棲めなかった地域でも人間が生きていけるようにしてしまったことは否めない。地方で人が少なくなり、人が都会に集中するようになってからの現象である。

霧島山の麓で牛を飼っている蜂友は、「鹿の被害に悩まされているが、向こうの方が〝先住民〟なんだからしようがないですよね」と言う。

このように、鳥獣被害が問題になっているのは、農業従事者の高齢化や過疎化とともに、野良犬がいなくなったからともいわれている。犬はいても鎖でつないであるか、家の中で飼っている。都会の人は動物愛護や保護を唱えるが、地方では保護どころか鳥獣被害に悩まされている。いつかのニュースで、大分県高崎山のサルが増えすぎて近隣の農作物を荒らすようになった。また、奈良公園でも鹿が増えすぎて同じような被害が出ているとあった。地方では、人よりもサルの数が多い地域もある。奈良公園の鹿や高崎山のサルなど餌付けがされて人気者になっている。一方で公園を離れたところの農家や地域では、サルや鹿は迷惑な動物で駆除の対象になっている。東京ではサル一匹が出ると、パトカーまで出て大騒ぎである。そして、捕獲しては元の山に戻されるのである。

宮崎、そして九州には熊がいない。本州の蜂飼いの人は、巣箱の前で熊に出くわすこともあるそうだ。九州ではかつては熊がいたかもしれないが、絶滅したといわれている。九州でミツバチを飼育するものにとっては、天敵が一つ絶滅したということでもある。

一方で、都会では猫やハトに餌を与えて、近隣住民とトラブルになっている例も多い。野良犬はほとんどいなくなったが、猫は未だに野良猫か飼い猫かわからないのが多い。野良猫とわかっていても餌を与えている人もいる。平和の象徴といわれたハトも公園などで餌を与え、増えすぎて糞公害となっている。ハチの場合は、小さくて目立たないし、庭木の受粉に役立っているというイメージもある。それで駆除を唱える人は少ないが、巣が見つかるとハチ駆除の要請となるのが毎年のことである。一方、ミツバチをペットのようにかわいがる人は、飼い主は花を植える行動をとる。

こうして、都会は「愛護」、地方は「駆除」を求める。動物をめぐって相反する選択をせまる悩ましい世の中である。

サルの害

私が巣箱を設置している宮崎市高岡町では、サルが十年ほど前から現れ、スイカやカボチャが盗られるようになった。カボチャなどは畑と離れた山の方に食べかすが散乱しているときもあった。玉ねぎが人間の背丈より高い木の枝に掛けてあるときもあった。キュウリは半分食べ、残りがぶら下がっていた。

また、落花生は人が抜いたのではないかと思うくらい、きれいに抜いて横に倒してあった。もちろん大きな実は見事にとられていて、これから大きくなるであろう小さな実は付いたままとなっていた。また植えといてくれればいいのだがと恨めしく思う。サツマイモは、弦が一メートルも伸びたところで二本ほど引き抜いて、そのまま置いてある。また二週間ほどして、また二本ほど引き抜く。根が膨らんで芋になるのを確認している。どうして、サツマイモは根が膨らんで芋になることを知っているのだろう。今ではサルの好物のサツマイモや落花生は全滅になるので、植えないことにしている。

枝豆は四列植えていたら、雑草に覆われてわからなかったのか、被害がなかったと思いながら一列だけ収穫した。次の日畑に行ったら、残り三列は見事にやられていた。倒された枝豆に、わずかに実が残っているのを集めて帰った。サルのおこぼれをもらう羽目になった。ブルーベリーは実が熟れる頃になると無くなっている。鳥かなと思っていたら、枝

案山子

が折られていて熟れた実は付いていない。枝まで折ることはないだろうと腹が立つ。日向夏ミカンや枇杷などの食べ散らかしは言うまでもない。

サルとの知恵比べと思って、案山子《かかし》を作ることにした。自分が今まで着ていた作業服を着せ帽子もかぶせて、顔もマジックペンで丁寧に描いた。しばらくサルが来ていないようだったので、効果があったと思っていた。ところが、一カ月もすると動かない人形だとわかったのか、ある日倒されていた。今度は倒されないようにしっかりと結び直すと、今度は顔を掻きむしられていた。夏休みに孫たちが帰ってきたら、スイカを楽しみにしていただろうにと思うと、腹が立つやら、悔しいやらで「許せない」という気持ちになる。自分が被害者となるとサルが憎い。

サルは高いところでものを食べる習性があるのか、よく日本ミツバチの巣箱の上にミカンやカボチャの食べ粕を見ることがある。夏は直射日光が巣箱にあたるので遮光のため、巣箱の上にスダレを載せている。ある年の夏、ミツバチの巣箱の巣門がスダレで塞がれていた。一瞬、誰がしたのだろうと思った。サルが巣箱の上で食事しているときにハチに刺されたに違いない。それで、ハチが出てこないようにスダレで巣門を塞いだのだろう。ミツバチにすれば、サルが巣箱に乗ってきて、自分たちの家を揺すられて壊されるかと思って攻撃したのだろう。サルがどんな顔をしたか、ミツバチに攻撃されるところを見たかったな。

サルは、小さなミツバチの攻撃を受けるとは想定外だったはずで、きっと刺されたに違いない。特にボスザルは、他のサルたちが畑を荒らしているのを見ながら、巣箱の上から見張っていたのかもしれない。ハチだって巣箱が揺すられたり、箱が叩かれたりすれば当然反撃する。ハチの何千倍も大きい敵であっても向かっていくのだ。本州では、日本ミツバチの巣箱が熊に襲われることもあると聞く。それに比べると、サルとは命がけの戦いではないので、まだいいかとも思う。

イノシシの害

我が高岡の畑には、数年前からはサルだけでなく、イノシシが出るようになった。イノシシは春先にタケノコを掘るため、空の巣箱をひっくり返す。ある時は、竹山に置いていた種蜂の箱が倒されて逃去したこともあった。

高岡の畑では、秋にはむかごと山芋を採るために山際に自然薯を植えている。植えているというより、勝手に今まで芽を吹いて弦になって雑木に巻き付いていた。夏には、ヤブガラシやいろんな弦が柿やミカンなどあらゆる木に巻き付くのだが、その弦を切り落とし、木を守るのもこの季節の作業である。これらの弦性の植物は、夏に花を咲かせるものが多く、夏の貴重な蜜源植物である。その中で、自然薯の弦だけは大事にして秋にむかごを拾うため、残していた。そうしたら、自然薯を掘り出すためイノシシが柿やミカンの木の根っこを五〇センチ以上も穴を掘っていた。一旦味を占めたら頻繁に来るようになった。草を刈った後の枯草にミミズやカブトムシの幼虫がいるのか、それらを漁っているようだ。

秋に現れるイノシシはオオスズメバチなどの肉食系の女王候補を掘り出して食べてくれるのかもしれないが、作物を荒らされては敵わない。針金を張ったりして対策したが、草刈りの邪魔になったり、自分がかかったりしてよくない。

日本庭園の小さな池や石臼に水を入れるのに、竹樋《たけどい》の一方に入った水が零《こぼ》れ落ちると、コンと鳴る仕掛けを見ることがある。風情があって、見飽きないし、涼しさも感じる。名前は、ししおどし（猪威し）というらしい。元は農業などに被害を与える鳥獣を威嚇し、追い払うために設けられた装置だったそうだ。水を使った先人の知恵には感心させられる。それで真似して作ることにした。それ以来、イノシシは来ていない。イノシシは熊のようにミツバチの巣箱そのものを狙うのではないようだ。

鳥との戦い

人間にとっては、鳥は大きな被害をもたらすものではないように見える。それで、人間の都合で益鳥と害鳥に分けている。益鳥とか害鳥は季節によって異なる。春先は子育てのため多くの昆虫の幼虫を捕まえて子どもに運ぶので益鳥である。秋には稲や果物を食べるので害鳥として追い払われることが多い。鳥は上から見ているせいか、網を被せないとサクランボは色づく頃にはなくなっている。鳥や他の動物も熟れる頃を知っている。そうやって、植物は鳥や動物に種を遠くに運んでもらうために色づいているわけである。そのため、宮崎の果物は完熟マンゴーや完熟金柑に代表されるように、ビニールハウスの中で作られる。

ツバメは虫を食べるので益鳥で、誰も害鳥だとは思っていない。そのツバメも近頃見かけることが少ない。ところが、分封の季節になるとミツバチを狙って大量の餌を見つけたとばかりに仲間とともにやってくる。ヒヨドリも分封の季節には、ミツバチが巣箱から出てくるのを待っている。

知り合いのビルの屋上での分封は、ツバメが待ち受けている。分封前になると、雄蜂が盛んに飛び交うようになる。そこが狙い目とばかりに、イワシの群れを見つけたカツオドリのようにツバメがやってくる。しかも、ツバメは雄蜂が毒針を持たないことを知っているのか、雄蜂を狙っている。雄蜂がつかまればカチカチと音を立てて咥えていく。ある本では、働き蜂を間違って捕まえると、毒針で刺されて墜ちることがあると書いてあった。鳥も虫も好きな人は、ツバメが巣を作るのを手伝いながら、ミツバチを飼う人もいる。

カラスは鳥類では食物連鎖の頂点に立っているが、都会の住人からは最も嫌われている。人の食べ残したものを餌とし、ゴミを漁り散らす迷惑な鳥になっている。カラスは畑に豆などの種をまけば穿《ほじく》りだすこともある憎いやつである。

人間にとって害鳥であるカラスも、ミツバチには悪さをしない。ミツバチは黒いものに攻撃的になる。黒い長靴を履いて巣箱に近づくと、足の周りをハチが取り巻く。ミツバチは昔から熊に襲われてきたというので、黒いものに対して敵愾心《てきがいしん》を持つようだ。つまり、黒いものを見ると、熊を想像するらしい。巣箱周辺で作業をするときも、白い服装で行うのが常識となっている。また、人の頭や黒い部分が攻撃されやすい。それで、カラスが近づけば攻撃を受けるので、学習している賢いカラスは近づかないのだろう。巣箱に近づこうものなら、真っ黒い体がミツバチの攻撃対象になることを知っているようだ。カラスの知能はサルと変わらないそうなので、ミツバチには近寄らないのだろう。

第四章　ミツバチの社会に人間社会を見る

ストレス社会

還暦を迎えるまでの現役時代は、人は自然を利用して人間社会の中で生きていると思っていた。そして、人が作った様々な組織や制度に良くも悪くも左右されていた。それがやりがいとなることも、ストレスとなるときもあった。定年退職後、いく分組織や制度から解放されて、時間ができると様々な生物に支えられていると思うようになった。

環境の変化は、全ての生物にとってストレスとなる。変化し続ける諸行無常の地球上（世界）であれば、避けられないことでもある。人間の歴史は、社会の発展とともに改革の歴史だった。改革は正しいことだと人間は思っている。それが進歩ということであろう。

一方、他の生物やハチは安定を求めてきた。生物は、環境の変化に適応できなければ衰退してしまう。環境が大きく変化したときには、生存競争を経て進化して生き残ってきた生物もいる。

生物の進化は、子孫を残す競争である。一八五九年、ダーウィンが『種の起源』を発表し、進化論を唱えた。生物のそれぞれの種は、原始生物から環境に適応しながら自然淘汰《とうた》を経て進化してきたとする学説である。それまでは、すべての生物は神様が創られたものという考え方だった。ダーウィンの進化論は、ある意味、神を冒涜することである。それまでは、それぞれの生物の不思議さ、神秘的な出来事は、神様の仕業にしなければ説明できないことばかりだったのだろう。

惑星の中で、地球だけに「生命」があるという中で、自然界の出来事は神秘的なことや神がかりと思えることばかりで、それだけに研究者も多い。そのようなことから、ダーウィンの進化論だけでは説明できないことも多いようだ。そこで、今西錦司氏は、《棲み分け理論》と呼ばれるものを考えた。「進化とは、種社会の棲み分けの密度化であり、個体から始まるのではなく、種社会を構成している種個体の全体が、変わるべきときがきたら、皆一斉に変わるのである」という。ダーウィンの競争原理に対して平和共存の進化論を主張したとされている。ダーウィンの進化論が競争原理に基づいているのと比較して、今西氏の理論は「共存原理」に基づいているのが特徴だそうだ。

さすが日本人。これによると、それぞれ近縁種の個体から成る集団、すなわちいくつかの同位の種社会は、ある場所で相補的なす棲み分けを行っているのであって、生物の世界全体がこのような原理の上に成り立っているというものである。

ミツバチの巣箱は一カ所に何箱置けるか話題になるが、蜜源の量によるというのが結論のようだ。しかし、蜜を求める生物はミツバチに限らず、蝶や蛾、鳥などいくらでもいる。その上、春と秋は蜜源が多く夏と冬は少ない。それで、分封群を多く捕獲しても、夏には全部が全部は生き残れない。西洋ミツバチのように何十箱も並べることは効率はよくても、同じ場所に長くは棲めない。蜜源がなくなれば花を求めて移動するか、人が給餌しなければ生きていけない。その上、西洋ミツバチに限らず、他の昆虫とも花をめぐっての競争がある。

日本ミツバチは環境を知っているかのように、一極集中を避けているようだ。ハチを見ていると、棲み分けているのがわかる。彼女らは、分封にしても、同じところで棲みやすい棲処を見つけたからといって、何群もというわけにいかない。限られたエリアにどのくらいの蜜源があるのかを考えれば、元の巣箱からできるだけ遠くに行きたいはずである。

また、植物の花は形や色を変えることによって昆虫を選んでいる。それぞれの花や植物によって、それぞれの昆虫が共存し助け合っている。日本ミツバチは点在することによって棲み分け、それぞれの地域の植物の受粉を担ってきたのだろう。

生存競争のストレスを少なくするには、「棲み分け」が必要な気がしている。棲み分けることで、持続できる社会につながるのだと思う。

民主主義社会

民主主義社会といえば、少数の意見も尊重し、物事を決める場合には最終的には多数決の原理を基本としている。人間は地球上の生物の中では少数派である。少数派も少数派、多数派の昆虫に比べたら、目にもかけられないわずかな数にしかならない。ところが、このわずかの少数派が、地球上の生物の生存権を握っている。どこかの国のように少数独裁のごとく振る舞い、他の生物の声を聞こうとしていない。多数派の昆虫に対しては、敵意をむき出しにして駆除しようとしている。生物の中では、悲鳴を上げているものもいれば、いつの間にか抹殺されたものもいる。

この横暴な人類という種が一九七〇年頃から急激に増え続け、地球上の資源を一人占めしようとしている。そして、人類の中でも先進国と発展途上国に分かれ、人間同士の競争が激しくなっている。地球という同じ船に乗っている他の生物にとっては、迷惑な話になっているのである。また、地球だけでは飽き足らず、火星など他の惑星にまで手を伸ばそうとしている。「もっと、もっと」で人間の欲望はきりがない。

農業は、本来自然の恵みを食として頂くことによって命を繋ぐものだった。それが高度成長時代以前の姿だったように思う。ところが、今では商品になるもの、儲かるものを作るようになり、今では農作物は工場製品のようになってきた。ハウスでの栽培は天候に左右されないということで、農業の主流になっている。時期をずらすことによって商品価値を高める、その方が儲かるということで、いつの間にか自然に逆らうようになってきた。そして、受粉も必要としない、土も必要としない農業へと進んでいるものもある。

「万物の霊長」と自認するだけに、人間は生態系を〝上から目線〟で見ているような気がしてならない。自分そのものが生態系の中に組み込まれている、その自然生態系の一員なのだということを、都市に住む人ほど忘れるようだ。人間は食物連鎖の頂点に立っている。しかし、捕食者であっても、すぐ近くにウイルスや細菌といった分解者がいることを忘れ、いつまでも自分の世界が続くと思っている。

二〇一三年に、ローマ法王の選挙が話題になったことがある。過半数の多数決で法王が選出されるのかと思っていたら、法王の選挙では枢機卿たちの三分の二以上の支持を得るまで何回も繰り返すのだそうだ。選挙に参加する枢機卿たちは、新法王が決まるまで鍵のかかった部屋に閉じこもり、そこで三分の二以上の票を獲得した者が法王となる。昔は得票数が三分の二以上に達しなければ延々と投票を繰り返し、しかも三日間で決まらなければ、その後の五日間は食事が一菜のみとなり、さらに長引けばパンとワインと水しか支給されなかったという。そして、選挙の結果を、白か黒い煙で外に知らせる。民主主義というのは、時間のかかるものなのだと思う。このローマ法王選挙のニュースを聞いたとき、ミツバチの会議と同じようなことをしていると思った。

下剋上と忖度

人であれ、昆虫であれ、社会の安定性を求めていることに変わりはない。人類は誕生してから二、三百万年しか経っていないのに、様々な制度が起こっては滅びた。人間の歴史はその繰り返しである。一方、ミツバチやアリの制度の安定性は驚異に値する。カースト制はミツバチについてはほぼ五千万年、アリに至っては一億年以上も前にすでに成立していたという。この到底太刀打ちできない社会の安定性は、種として永遠に生き残ろうとするものの知恵のような気がする。

安定を求めれば経験がものをいうが、進歩や改革を重視すれば経験は大した価値ではない。経験豊かな老人は必要とされなくなってくる。

ところが、人間は「万物の霊長」として他の生物を支配したいがために、「進歩」というリスクを伴う道を生活様式に取り入れている。特に日本人は、成長することが善とばかりに急ぎすぎ、「進化し過ぎた日本人」と気づいたときには、元に戻れそうにもない。改革を叫ぶ政治の世界は、いつも進歩と安定のせめぎ合いなのかもしれない。

ミツバチの社会に下剋上はない。女王を中心としたミツバチ社会は、完全なカースト社会といわれている。夏の働き蜂の寿命は、約六十日で一生を終える。卵から幼虫になるまで日齢で約二十日は巣穴で暮らす。この間は未成年であるので、巣箱内にいる働き蜂から栄養たっぷりの餌をもらって過ごす。十九日して巣穴から出てくると、一人前の格好になり仕事が与えられる。今まで過ごした巣穴の掃除、それから女王の世話、後輩となる幼虫の世話、外勤バチが持ってきた花蜜や花粉を巣穴に詰める倉庫番と日齢で決まっている。女王に気に入られようと、女王の世話だけをするわけにはいかない。年功序列で定期異動があり、最後は外勤となる。

二〇一七年は「忖度《そんたく》」という言葉が流行《はや》った。ミツバチ社会が、一万数千匹のハチで統制がとれていることを考えると「忖度」で成り立っているようだ。作家の半藤一利氏によると、「太平洋戦争末期、様々な特別攻撃が志願兵によって行われた。上官は部下に『自爆攻撃せよ』とは命令せず、全て『志願』によって行われたとも言われている。中枢にあるものが考えを述べる。部下は上官の意思を忖度し、さらに下の人間に忖度させ、末端の多くの兵士が志願する」と書いている。ミツバチも家族を守るため、死と引き換えに敵を攻撃する。イスラム国の兵士たちも同じ行動である。それだけに、絆も強い。

ハチの社会は、女王様に忖度するのではなく、家族という集団そのものに忖度して行動していると思える。それぞれの個の利害関係はなく、集団を形成している家族の繁栄が大事なので全体に貢献し、奉仕する行動となる。ミツバチの女王と働き蜂は親子であり、最も密接な関係にある。ミツバチの社会には管理職もなければ上司もいない。それでいて、統制が取れている。

人間の雄は、現役時代は家族のため社会のため犠牲的精神で働く。ミツバチのように身をささげる生き方が賞賛されるときもある。それが現役を退いて役目は終わったのに、家庭内管理職を続けるから嫌われる。自力では生きていけないハチの雄は不要となる。分封時や女王の交尾時には「親衛隊」として貢献もしてきたが、女王が産卵し始め子どもが育てば用なしとなる存在である。せめて秋のオオスズメバチが襲来するときに戦えるように、毒針を持っていればよかった。そうすれば死に場所もあったが、雌の絆には敵わない。人間社会でも、定年後は居場所がないという人が多い。女性は、ランチや長電話などコミュニケーションの取り方がうまい。娘を持つ親としては、娘や孫の成長を願うものの、役目の終わった親の行く末を雄蜂と重ねて意識してしまう。

一方で独裁者は、まるでライオンのように、次の若手に取って代わられる運命にある。また、独裁国家は必ず滅びるという栄枯盛衰の歴史を繰り返してきた。独裁国家は多様性を認めず、画一化する。人間社会は独裁者が絶対的な権限を持っているが、ハチの社会は独裁国家ではない。決めるのは多数の働き蜂で、女王には決定権はない。

ドローンとAI

AI（人工知能）の話題が多くなってきた。AIを搭載したドローンは、災害後の調査などで人が寄りつけないところに行って写真を撮ってくる。また、マンションに住んでいる人に荷物を届ける、さらに、自動運転など様々な利用が検討されているようだ。AI搭載の車は、人が運転するよりは安全だとなれば、運転手は不要となる。人手不足の世の中に期待され、産業構造も変わってきそうである。十八世紀の産業革命ではないが、今までの労働者の仕事は奪われそうである。

人類の歴史は、新しい技術にそれまでの職を奪われることによって発展してきた。それが人間社会の常だった。それが、人を必要としない社会へと向かっている気がする。今後、子どもの六五パーセントは、今は存在しない仕事に就くという大きな社会変動が待ち受けているそうだ（宮崎日日新聞、二〇一八年七月四日付）。そうなると、年長世代の助言が当てにならなくなる。経験が物言う時代ではなくなってきた。ITなど、今までなかったものの利用や普及によって、新たな産業や時代がやってくる。

大きな話題になったのは、将棋や囲碁のプロ棋士との勝負でAIの方が勝つようになったことである。無限の指し手があるといわれる囲碁の世界で、ＡＩに「負けました」と一流のプロ棋士が頭を下げる姿は、見たくない光景でもある。囲碁では、長年の積み重ねが定石として確立されていた。その定石が通用しなくなったようだ。

医療、介護、輸送などあらゆる分野でＡＩやドローンが活用される話を聞くと、政治の分野にこそ進出すればと思ったりもする。

人の省力化が進めば、人間社会に貢献していると思っていたミツバチも、必要とされなくなる時代が来るのかと思うとやり切れない。ドローンで農薬散布などが進めば、当然軍事利用も考えられているのだろう。戦えない雄蜂を戦える武器にしようとしている。様々なロボットを生み出すＡＩが、次から次に卵を産む女王となる時代になりそうだ。

スマートフォンやＡＩが発達してくると、国民的課題は国民投票で決めて、代議制は必要なくなるという時が来るかもしれない。永世中立国を宣言しているスイスは、人口は約八百万人で国民投票の多い国である。もちろん議会もあるが、そこで議論された上、十万人以上の署名があれば国民投票にかけられるのだそうだ。日本なら国会で決めるようなことを、国民投票で決める。年に四回ほど行われるそうだ。保険料の値上げや高速道路の建設、農薬の禁止なども国民投票で決めるそうだ。

同国では二〇一三年、男性への徴兵制を廃止すべきかどうかを問う国民投票が実施された。「他国から現実の脅威にさらされているわけではなく、金の無駄遣いだ」として、国民の一部から徴兵制廃止を求める声が出ていた。国民投票の結果は反対多数で、徴兵制廃止は否決された。最終的には国民の多くが、一六四八年以来の伝統の徴兵制を支持したのである。ところで、この国ではその年に獲れた小麦は、すぐには使わず備蓄に回し、古い小麦から使うという政策を実施しているそうだ。中立国ではあるが、国防意識の高い国である。

代議制は国民に支持されていない法案でも通ってしまうが、スイスのように国民投票という歯止めがあれば無謀なことはできない。その代わり、一人ひとりの国民が常に社会の一員として政治に関心を持っていなければならない。また、判断できる能力を身に着けていなければならない。国家の一大事は、政治家に任せるというわけにはいかないのだろう。

ミツバチの社会は、女王やリーダーが決定するのでなく、働き蜂一匹一匹が意思表示し、瞬時に多数決をする。個々が高度な能力を持っていなければできないことである。情報発信するのは様々な経験を積んだ年老いた働き蜂だと信頼性も高まるのではないかと思う。この時、少数派の雄蜂は必要とされない。人の社会も原点に返って、ミツバチ社会を見習う時が来そうな予感がする。見習うどころか、仕事がＡＩに奪われると、次世代の子どもは、雄蜂のように少数でも構わないということかと気になる。

「家族はつらいよ」――定年後と雄蜂

ハチの社会は、働き蜂は死ぬまで働き、定年退職はない「総活躍社会」である。人の社会は、どんな職種であれ、年老いたらだんだんと相手にされなくなってくる。職種によっては生涯働ける仕事もあるが、一般的にある年齢に達すると定年退職となる。定年後の生活は、それまでほとんど家にいなかった夫が一日中家にいるようになる。妻にとっても、これほど大きな変化はないのだそうだ。子どもが巣立って役目の終わった雄蜂は、何をしたらいいのかわからない。いつまでも、ともに元気でというわけにはいかない。夫に先立たれた妻は、しばらくすると元気になる。しかし、妻に先立たれた夫は、数年後には後を追うように亡くなる人が多いそうだ。そうだろうなと思いながらも、妻が元気な間は自分も元気でいたいなと思う。

時間ができると、自分が高齢者であることを忘れていろんなところに出かける。最近は、どこに行っても高齢者が多い。街に住む退職後の高齢者の行くところといえば、図書館とスポーツクラブだそうだ。平日の図書館は、高齢者と思われる人が多い。新聞を閲覧するコーナーは、いつもいっぱいである。夏休みや休日は学生や子どもも多いが、平日は高齢者がほとんどである。調べ物をしている人や、本を抱えて居眠りしている人などいろいろである。家のエアコンを一人でかけるよりも図書館に行った方が経済的でもある。夏は最高の場所となっている。

最近、自宅の近くにフィットネスクラブができた。近所の人や知人が入会され、話を聞くこともよくある。近くを通ると、クラブの二階の窓から外を見てベルトの上を黙々とランニングやウォーキングしている姿が見える。エアコンの効いた部屋で汗を流し、帰りにはお風呂に入って帰るのだそうだ。ベルトの上を走るのは、「ハムスターみたいだ」とある人が言った。その人は、定年退職後、農園を借りて家庭菜園をやっている人で、時には産直市場に出荷されるほどである。「夏は暑い中で、毎日草取りばかりです」と言われる。エアコンの利いた中でハムスターになるか、暑い中で草を食べるヤギさんになるか、考えさせられるところである。

「亭主は元気で留守がいい」とは、よく言ったものだ。『家族はつらいよ』という橋爪功の演ずる映画があった。親子孫三世代同居の家族を描いたものである。理想の家族のように見えるが、主人公の退職後の生活が家族の負担となり、問題となってくる。家族の中で、老いが次第に負担となり、用なしとなってくるのだ。

ミツバチの雄はどうしているのだろうか？　ある時、分封が一段落した頃、もう雄蜂はいないだろうと思い、底板の掃除のため巣箱を持ち上げてみた。そうしたら、底板の片隅に数十匹の雄蜂の集団が固まっていた。巣箱の中では女王は産卵に専念し、働き蜂は役割分担に従って工場労働者のように忙しくなる。見向きもされない雄蜂は、他の巣の女王がまだ出合いの場所に出てくるのではと、雨上がりの天気のいい日を待っているようだ。巣箱内では、邪魔者扱いなのか、食事が与えられているのか気になる。そのうち、「邪魔だから早く出ていって！」と追い出される時が来るのだろう。雄も一匹では生きていけないことはわかっている。孤独な存在になったら、雌を追いかける気力もなさそうだ。それまでは雄同士で暇を潰しながら、底板の片隅で行く末を相談していたのだろう。

二〇一七年十二月初め、雄蜂が引き出されるのを見てしまった。知り合いから雄蜂が多くなったという話を聞いて見にいった。十一月頃に、雄蓋が外に出されるようになって、「これは、働き蜂産卵では？」という話を聞いていた。気にはなっていたが、行ってみると、雄蜂が結構いる。女王が不在になって働き蜂が産卵したのではないかと疑った。働き蜂産卵で生まれた雄は、身体の大きさが働き蜂と同じくらいの大きさであるが、分封時の雄蜂とあまり変わらない。よく考えてみると、この年の宮崎の十一月は暑い日が多かった。分封時期ではないが、巣箱の中の温度を調整するため、女王や働き蜂が分封の準備をしたのではないかと考えた。以前にも、このようなことがあった。

よく見ると、働き蜂が雄蜂を引き出して巣門前や下の地面で取っ組み合いをしている。盗蜂ではないかと思ったが、やはり働き蜂と雄蜂である。同じ家族なのに、働き蜂が雄蜂を外に引き出そうと戦っているのである。雄蜂は「なんで俺が出ていかなければならないのか？　まだ、男の役割が終わっていないんだ！」と抵抗しているところのようだ。この時期、新女王はいそうにもないので出ていくところもなかったんだろうと思った。

それでいて、男は我が家が一番いいと思っている。家でゆっくりしたいと思っていても、「あなたの健康のために、外で何かした方がいいわよ」と言われる。こういう時にミツバチに話しかけると構ってはくれないが、脇目もふらず働くミツバチに癒される。

「男はどこか行くところがないといかん」と、知人が言っていたのを思い出す。その方は自宅の近くに畑があり、そこで野菜を作っていた。七十歳を過ぎて日本ミツバチ飼育を始めた人たちは、「あと十年早く蜜蜂と出合っていればよかった」と言われることが多い。

男には、「今日行くところ」「今日用事がある」ことが、男の高齢者の「きょういく（教育）」「きょうよう（教養）」なのだそうだ。雄蜂のように何もせず、巣箱内でぶらぶらしていたら追い出される。「年取ったら、爪先《つま》歩き（妻先歩き）がいい」という人もいるが、棲み分けが必要な気がしている。高齢者の「きょういく」と「きょうよう」には、日本ミツバチ飼育が最高だ。

日本ミツバチが人を繋ぐ

ミツバチ飼育は、いつでも、誰でも、どこでもできる。と思いきや、巣箱を庭先に設置しても、なかなかミツバチは入ってくれない。ある人が「数匹捕まえて入れても棲みつかないですかね？」と言っていたが、そう気持ちもわかる気がする。とにかく、最初の一群を手に入れたいという気持ちが強くなると、誰彼に尋ねたくなる。

ハチの話は、世代や立場を問わず、誰とも親しくなれる良い趣味だと思っている。三人のミツバチ研究会もあれば、地域で数人のグループもある。小林の「ひなもり38会」は、会則・会費・会長なしのミツバチダンスによる合議制で、年数回の集まりがある。会員同士で自家製の野菜や果物を相互交換し、ハチ蜜などの自然の恵みは神様からの贈り物と考えておられるようだ。会員の日本ミツバチが病気や逃去でいなくなれば、誰かが巣箱ごと持って行ってあげるのだ。宮崎の方言では、自然の恵みなどを運よく授かることを神からの恵みかのように「のさる」という。

宮崎38会

「宮崎38会」は、年一回、このような方が集まって情報交換会、勉強会をしている。巣箱もいろいろ、ハチ蜜もいろいろ、人の考え方もいろいろ、多様なのである。夜の交流会も趣味のミツバチの話題なので、賑やかである。ミツバチの行動に感動することも多いが、そのミツバチを飼う人たちに感動させられることも多い。ある時は、皆の前で奥様に起立を促し、座布団を感謝状に見立てて日頃の苦労を労っている方もあった。また、最近の交流会では、ある会員が炭坑節の替え歌で、次のような歌を披露された。

〽38会音頭　（作詞：隈本康三郎）

1．蜂はすごいな　かわいいなあ　ヨイヨイ
　メスは働き　オス怠け
　蜜貯め子育て　不満なく
　そして家庭を守ります　サノヨイヨイ

2．蜂は逃げても　ママ逃げぬ　ヨイヨイ
　いやなパパでも　捨てられず
　炊事洗濯　手伝って
　そして仲良く暮らしましょう　サノヨイヨイ

3．今日は楽しい38会　ヨイヨイ
　スムシ児出しは　みな同じ
　飲んで仲間と　しゃべったら

それでおいらは幸せだ　サノヨイヨイ
4．歳はとっても　気は若く　ヨイヨイ
髪の色など　気にしない
花植え蜂飼い　蜜舐めて
そして長生きしようじゃないか　サノヨイヨイ

世代交代（輪廻転生）

自然界では、老いた動物は原則として存在しない。ミツバチも人も社会を構成するからこそ、老いても生きていける。人間の長寿は、医療の進歩や豊かな食生活、冷暖房などの技術全般の進歩が支えている。それでいて、長寿になればなるほど「四苦八苦」も多くなる気がする。動物として生まれてきたからには、生老病死の四苦は避けられない。その上、人ならではの四苦もあり、合わせて八苦だという。

食物連鎖の中にあっては、たいがいの動物には寿命というか、天寿を全うする自然死はない。捕食されずに、頂点に立つものに寿命がある。動物は年老いて働けなくなり、足が衰えたら他の捕食者に食べられてしまうことになる。捕食者も足が衰えたら、獲物を捕まえることができなくなり、死が待っている。ハチの社会もハチ一匹は死んでも、集団が元気であればその社会は持続する。

寿命は世代交代の繰り返しの単位でもある。仏教の影響を受けた日本人は、回る時間の中で生きてきた。六十歳で還暦というように、仏教で輪廻転生という。人生五十年といわれた時代が、今では八十年に伸び、さらに百年を目標にする時代になっているから難しくなっている。

動物が一生の間に波打つ心臓の鼓動は、ほぼ十五億回だそうだ。ハツカネズミの寿命は二～三年、インドゾウは七十年近く生きる。我々の時計の時間で比べれば、ゾウはけた違いに長生きである。しかし、一生の間に心臓が打つ数は、どちらも同じ十五億回だそうだ。それでいくと、人間の動物的な寿命は四十一歳になる。人間の四十一歳は厄年といわれ、目、歯などの衰えが始まり、いつの間にか下山の道となる。他の動物であれば、目や足が衰えるということは、他の動物に狙われる、また餌をとれなくなり、それは死を意味する。野生動物は、野垂れ死にであり、孤独死である。生まれてきたからには、老いは時間の経過とともに避けられない。

親を看る日本ミツバチ（老々介護）

一般的に、動物の世界では「親が子どもを育てる」ということはあっても、「子どもが親の面倒をみる」などということはない。ところが、高度に発達した社会を形成する人間は、親の死を看取るまで手厚く看護する。人間に生まれてよかったなと思うが、孤独死のニュースを聞くにつれ、これから先はわからないと思うようになった。子や孫と離れて住む時代であれば、都市部に限らず孤独死は他人ごとではない。子どもがみな保育園に行くようになったのと同じで、最後は老人もみな介護施設にお世話になる時代のようだ。

親の面倒をみるのは高度に発達した人間だけかと思っていたら、日本ミツバチは人間と同じように、子どもが親の面倒をみる。そして、死ぬまで親（女王）の面倒をみる。西洋ミツバチは、人の都合で女王の更新を行うので、そういう姿は見られない。

働き蜂にしろ、雄蜂にしろ、巣箱の中でその死骸を見ることは少ない。きれい好きなミツバチは、死骸はすぐに片づけているのかもしれない。どこで死ぬのだろうと不思議に思う。女王は、働き蜂、雄蜂より何倍も長生きする。親よりも子どもたちが先に死んで逝くのである。生命力は、女王にはとても太刀打ちできない。働き蜂、雄蜂は役目が終わったら死に、女王だけが天寿を全うするようだ。

一般的に世代交代する動物は、親が先に死んで子どもが残り、新たな世代をつくっていく。それが、人の社会は超高齢化社会になり、百歳以上が六万人を超える時代となった。こうなると、子どもの方が先に逝く場合が往々にしてある。考えてみたら、ミツバチも同じだと思った。平均寿命を超える人たちは、女王蜂なのである。作家の五木寛之氏によれば、長生きしたいと思うのは生存欲で本能だという。「長生きすると、死が怖いとかは無くなっていくが、どういう世の中になっていくのか見てみたい」と思うそうである。

ミツバチは働き蜂が六十日程度、女王は三年も生きるといわれている。同じミツバチなのにこんなにも違うのか。雄蜂は、交尾ができたら即死する。交尾できない雄蜂も女王が産卵し始めると家族として不要となり、追い出される。働かない雄蜂は、雌の働き蜂から餌をもらわない限り生きていけない。一万匹以上もいる雌の働き蜂のうち、こっそりと気に入った雄に餌を運ばないのかとも思う。そういう働き蜂がいれば、秘かに思ってくれる雌の働き蜂に「おかげさまで、生かされているな。ありがたいな」と感謝することだろう。

ミツバチは経験を何世代も伝えている。日本ミツバチは、キンリョウヘンのことや熊との戦い（黒いものに向かっていく習性）、オオスズメバチとの戦いなど、遠い記憶を呼び覚ますかのような知恵を身に着けている。

動物は他の生物が作ったものを利用し、自分も死んだら他の生き物に利用されるというかたちで物質のリサイクルをしている。息ができて、おいしく食べ、気持ちよく排泄し、自分の脚で動け、ぐっすり眠ってまた目覚め、何気ないことに喜怒哀楽を感じるという、命の営みの基本がどれだけ有り難いことか。当たり前のことが当り前でなくなる時になって初めて、生かされていることに気がつくのが人間の性分なのだろうかと思う。

一般的に動物は、年老いたらだんだんと行動範囲が狭くなってくる。それがミツバチでは広くなる。ただ、女王だけが外に出ることもなく、仕事も変わらず、頑固に守っているから安定しているのだろう。

身の丈にあった社会

二〇一七年、日本政府は「一億総活躍社会」を目指すと宣言した。少子高齢化に歯止めをかけ、五十年後も人口一億人を維持し、家庭・職場・地域で誰もが活躍できる社会を目指すという。いつまでも定年のない、死ぬまで何らかのかたちで働く時代を目指すということなのだろう。そのためには「働き方改革」が必要で、働き手を増やす方策が議論されている。何でも、改革、改革とかまびすしい。そのうち、「死に方改革」まで議論され、樹木葬、宇宙葬などと「あの世の改革」まで議論されそうな勢いで、まことに改革が好きな人間社会である。

ハチの社会は、常に総活躍社会で、春と秋の花の多い時期には、一生懸命働いて食料の少ないときに備えて貯える。夏や冬の食料の少ない時期は、産卵も少なく、子育て期間ではない。この子育て減少の季節は、活発な活動はせず、エネルギーを消耗しないようにしている。冬は外気温が一〇度以下であれば外勤バチは休みで、活動時間は短い。夏は思いのほか花が少なく、外に出ていっても収穫は少ないので、巣箱の外に出て涼んでいる。ハチの社会は、改革とは無縁のようだ。

最近の夏の異常な暑さには、ミツバチも辟易《へきえき》しているようだ。働き蜂といえども働く時間を少なくすることで、貯えた蜜の消費を減らしている。日本社会は人口減少が見えているのに、財政再建は忘れて成長戦略ばかり議論しているようだ。現世代が次世代に借金をするという人間ならではの知恵なのか、それとも他人ごとなのか、社会の存続維持は架空のことかと気になる。

身の丈に応じた生き方をすればいいものを「消費は美徳」とばかりに消費をあおる。ジョロウグモでさえ、生まれて小さいときには、蚊などの小さな虫を狙って目立たないところに小さな網をかける。そして、身体が大きくなるにつれ、ミツバチなどを狙って虫の通り道に大きな網を張る。身の丈以上のものを狙うと、身を滅ぼすことを知っているようだ。

進歩より安定

紀元前からミツバチと人間との付き合いはあり、壁画などにも残されている。その謎を突き止めようとする研究者は数知れずいる。また、研究者でなくとも、ミツバチと長年付き合い、その生態や自然とのかかわりを体現しておられる方も多くいる。ハチのことを知れば知るほどわからないことばかりで、ますます引き込まれていく。

人間の雄は、生き残るための大義名分を求めようとするが、ミツバチには大義名分は必要ない。雄蜂には子孫を残すための交尾しか仕事がないのだから。

東京をはじめとする都会は、地方に比べて何もかもが速いと感じる。歩き方や話し方、子どもの教育など、そんなに急がねばならないのかと思ってしまう。こうなると、心臓の鼓動まで速くなっていく気がする。前述したように、ゾウもネズミも哺乳類の一生の心拍数は、十五億回なのだ。高度成長まっしぐらの頃、「せまい日本そんなに急いでどこへ行く」という交通標語があった時代が懐かしい。

日本ミツバチはキンリョウヘンに、何万年前の先祖や過去の記憶を思い出して群がる。そして、懐かしがっているのか、喜んでいるかのように皆で惹きつけられていく。人は過去の狩猟生活や農耕生活を忘れて、現在の生活や将来のことばかり心配している。それでいて常に今よりよくなる、成長するものとして贅沢三昧の生活をしたがる。都市に住む人々は進歩を求め、地方は安定を求めるといった二極化が進んでいるような気がする。

急激な変化は災害に会ったようなもので、頭が混乱する。そうなれば生活も社会も混乱する。諸行無常の世界であれば、不変というわけにはいかない。この変化についていけない「老いの独り言」かとも思う。自然が許す範囲の改変はどういうものだろうか？　進歩と安定の調和は不可能なのか？　それとも、永遠の課題なのだろうか？　などと考えてしまう。

世界各国では一神教のところが多いが、日本は「八百万の神」というように、あらゆるものに神様が宿っているという考えが根底にある。この国の人々は、山や海、森に木などの自然界に神様が宿ると信じ、自然を拝みともに生きてきた。山や川に限らず、田んぼの神様、台所の神様から、トイレにも神様がいると考えてきた。そして、日本の神様は完全無欠ではなく、神々が力を合わせて自然界や人々を守っているという。そうした完全無欠ではないとの考えが、日本の人々の生き方にも投影されていたように思う。他を排除したり批判するのではなく、共通点を見つけ、足りないところを補ってきたように思う。その上、聖徳太子の時代から仏教が広まり、自然の一員としての人の生き方を追求してきたように思う。

養老孟子氏によると、「他人の立場に立つことができる」のが人間だそうだ。賢いといわれるサルやチンパンジーでもできない。また、将来を考えて行動するのも人間だけの行動といわれている。

オンリーワンの先生

世の中の進み具合が早いと、経験が物言う時代ではなくなってきたように思う。高齢者の生活は、日進月歩の時代になるにつれ後輩に教えることなど、少なくなってきた。反対にスマホなど子や孫に教えてもらうことも多くなってきた。「先生」というのは「先に生まれた」と書くが、自分の知らないことを知っている人や、経験豊かな人を先生と呼んできたように思う。また、人より先に生まれた自然界の生き物によって人は学び生かされてきた。

人に教えるという行為は、「自分の知ったことを伝えることであり、自分も学ぶ」ということである。特にミツバチ飼育を始めて間もない人は、自分が知り得たミツバチの新たな世界を誰かに伝えたくなる。人に教えることで自分も研究し、新たな知識の習得や工夫をするようになる。そのうち、知り合いに興味を示す人が出てくると、弟子もできる。巣箱の作り方、待ち箱の設置、分封群の捕獲など、経験すると楽しくてしかたがない。箱の作り方や、待ち箱の置くところをさらに工夫したくなってくる。この木にはどんな花が咲くのか、いつ頃咲くのか気になってくる。ちょっとした林や大木を見つけると、ハチが棲みそうなところだなと勝手に思うようになる。今まで見ていた公園の木や庭木が違って見えるようになる。

そうやっているうちに様々な経験を通して詳しくなり、その師匠と違うやり方も考えるようになるだろう。日本ミツバチを一年通して飼うことができれば、自分を師匠と呼んでくれる弟子ができる。誰かがミツバチについて尋ねるようになる。特に定年退職者には向いているようだ。ものにならない趣味であっても、楽しいのである。「宮崎38会」で、「師匠が師匠だから、ハチも入りませんわ」と言っていた人もいた。この師匠さんは元町長さんで、日本ミツバチを始めて二年ぐらいの頃には、もう弟子がいたのである。この会の二年後には、その弟子さんも師匠となり、新たな弟子を連れて参加していた。弟子ができれば先達となれる。弟子に教える喜びは、高齢者の生きがいとなる。また、元中学教師だった方が、当時の教え子から日本ミツバチ飼育の指導を受けている人もいる。これこそ、本当の恩返しだろう。

日本ミツバチの飼育は、ミツバチに詳しいから飼育がうまいとか、経験が長いからよく捕獲できるとは限らない。「熱意が人を動かす」というが、熱心な人はミツバチにも気に入れられるようだ。要は日本ミツバチに気に入られるかどうか、一匹の蜂を大事にする人かどうかをハチが見抜いているように思う。

ミツバチの飼育、ひいては自然を相手にするには、経験することが一番だと思う。還暦を過ぎてからは〝ナンバーワン〟の先生を目指さなくとも、〝オンリーワン〟の先生に皆なれると思っている。一期一会の日本ミツバチとの信頼関係を築いていきたいものだ。

【参考文献】

丸野内棣訳『ミツバチの世界』：二〇一〇年　丸善出版
長谷川英佑著『働かないアリに意義がある』：二〇一〇年　メディアファクトリー
トーマス・D・シーリー著『ミツバチの会議』：二〇一三年　築地書館
吉田忠晴著『ニホンミツバチの社会を探る』：二〇〇五年　玉川大学出版部
本川達雄著『ニホンミツバチの飼育法と生態』：二〇〇〇年　玉川大学出版部
本川達雄著『ゾウの時間ネズミの時間』：一九九二年　中央公論社
本川達雄著『生物学的文明論』：二〇一一年　新潮社
杉山修一著『すごい畑のすごい土』：二〇一三年　幻冬舎
養老孟子著『遺言』：二〇一七年　新潮社
杉山幸丸著『進化しすぎた日本人』：二〇〇五年　中央公論新社
小原嘉明著『入門！進化生物学』：二〇一六年　中央公論新社
祖田修著『鳥獣害』：二〇一六年　岩波書店
本田睨著『蜂の群れに人間を見た男、坂上昭一の世界』：二〇〇一年　NHK出版
佐々木正己著『ニホンミツバチ』：一九九九年　海游舎

まとめ――あとがきにかえて

植物や動物は、人を癒してくれる。動植物と触れ合えることは、子や孫と離れて暮らす高齢者にとっては、心癒されるひと時でもある。家の中に植木鉢を置き、犬猫などのペットを飼いたくなるのも癒しを求めているということだろう。

野菜や植物に話しかける人は滅多にいないと思うが、動物に話しかける人は多い。散歩しながら、犬や猫に話しかけている人をよく見かける。昔から日本人は、牛や鶏などを家族のように大事に育ててきた。しかし、今では食材として扱われ、食料が大量生産、大量消費される中で、その精神が薄れてきた。

定年退職後の趣味として、山登りや家庭菜園をしている人も多い。年齢を重ねると、何故か自然のものに関心が向いていく気がする。都会に住む人が、休みの日にはいっせいに海や山に押し寄せる姿は、自然に対する飢えのような気がする。人にも潤いが必要なのだ。

ミツバチは環境指標生物といわれるように、ミツバチを通じて自然環境、農業、世代交代、共同作業などいろんなことを考えさせてくれる。日本ミツバチの「ハチ児出し」の様子は、見ていると小さな昆虫といえども胸が痛む。巣穴（ベッド）で死んだ子どもを抱えて外に出ていく姿は、昆虫とは思えない行動である。宮崎県串間市の幸島では、母親のサルが死んだ子どもをいつまでも抱えていたという話を聞いたことがあるが、他の動物では聞いたことがない。

※　※

異常気象といわれて久しい。世界的な異常気象は、各地で災害や食料不足となって人間にとって大きな脅威となっている。また、気候変動は梅や桜などの植物の開花に大きな影響を与える。開花がずれることは、人間にとっては花見の段取りが狂うぐらいに思っているが、他の生物にとっては生死がかかっている。花の開花がいつもより一カ月ずれたら、働き蜂の寿命が六十日とすると、ミツバチにとっては二十年から三十年間飢饉が続いたことになる。それで、生きていけないハチが多くなる。

災害をはじめ、自然現象の変化を肌で感じる地方の人々は、自然と折り合いをつけて生きる知恵を身に着けてきた。近年の異常気象や地震は、いつどこで起こるかもわからず他人ごとではないと思わせられる。

東京はアリの巣のように地下鉄が縦横無尽に走っている。もしも地下に水が入ってきたら、もし電気が消えたらと心配したらきりがない。また、地上では空から何が降ってくるか、いつ車が突っ込んでくるかわからない。「誰でもよかった」という殺人事件も多くなった。そのような大都会に行くのは恐ろしくもあるが、子や孫がそこで生活しているとなれば、時々様子を見にいきたくもなる。

自然現象も社会現象も想定外のことが多くなり、これまでの経験則が通じないことが多くなってきた。近い将来、東京直下型地震が想定されている。東京で何かあったとき、子や孫がいつでも帰ってくることができるようにと、心の奥では思っている人は多い。そのために、鳥獣被害に悩まされようと、耕作放棄地といわれようと、田畑を守り続けなければと思っているのである。

※　　※

ミツバチは、植物と動物の懸け橋となっている。ミツバチのおかげで、植物は実を付け子孫を残す。そして、動物は植物を食することによって生かされている。人と自然を繋げている日本ミツバチに感謝である。

希少生物かどうかもわからない日本ミツバチに関心を持つことで、ハチを守り、山を守り、自然を守ることに繋がっていければと思う。肉を食べる習慣がなかった昔は、「無益な殺生」はしてはいけないと教えられてきた。きれいな花は、多くの人を惹きつけるが、ミツバチも人を惹きつける魅力を持っている。趣味でミツバチを飼育し始めると、木や花を植える行動となり、自然の大切さをあらためて思い知る。ミツバチの棲むところもいろいろ、飼い方もいろいろ、ミツバチを飼う人もいろいろ、である。ミツバチの世界は、多様なのである。

働き蜂一匹の死は、ミツバチ家族に何ら影響はないが、家族のため社会のため必死に働く姿に共感を覚えるとともに、神秘的な「生命」を見つめることにほかならない気がしている。

ミツバチも一生懸命に生きて、「虫の知らせ」を伝えようとしていると感じている。しかし、ミツバチと話ができるわけでもなく、勝手に解釈してミツバチが伝えたいことのほんの一部しか書ききれていない。それで、一万数千匹の中の一匹になったつもりで、今後もミツバチを通して「虫の知らせ」に耳を傾けたいと考えている。

それにしても、人にこれほど教示してくれる昆虫はいないように思う。還暦過ぎて「きょういく」と「きょうよう」を与えてくれた日本ミツバチに感謝である。そして日本ミツバチとの一期一会の縁を大切にしたいと思う。

最後に、協力いただいた「宮崎38会」の皆さん、そしてご指導いただきました鉱脈社の川口敦己社長はじめ、スタッフの方々に厚くお礼を申し上げます。

平成三十一年初春

[著者略歴]

桑畑　純一（くわはた　じゅんいち）

1949年、宮崎県三股町に生まれる。
2005年に、諸塚村で日本ミツバチに出合う。それ以来、日本ミツバチの飼育を夢見る。現在では、十数群の日本ミツバチを飼育。2010年に定年退職し、2011年に「宮崎38会」を立ち上げ、宮崎県内の趣味養蜂家の交流を行う。
「日本在来種みつばちの会」会員
「宮崎38会」会員

著書　「たかがハチ、されどミツバチ」
　　　「ミツバチが危ない、孫が危ない」

宮崎県宮崎市在住。

日本ミツバチに学ぶ
働き蜂と女王の社会

二〇一九年一月三十日　初版発行
二〇二二年八月　八　日　二刷発行

著　者　桑畑純一 ©

発行者　川口敦己
発行所　鉱　脈　社
〒八八〇－八五五一
宮崎市田代町二六三番地
電話　〇九八五－二五－一七五八
郵便振替　〇二〇七〇－七－二三六七

印刷
製本　有限会社　鉱　脈　社

著者既刊本

たかがハチ、されどミツバチ

日本ミツバチに教えられたこと［再増補新装版］

県庁を退職した団塊世代が一念発起、養蜂に取り組んだ。初めて知ったミツバチの生態、養蜂の苦労と新しい世界の広がりの中で、環境問題を身近に考えていく。

みやざき文庫83　四六判並製［1200円＋税］

ミツバチが危ない、孫が危ない

前作から四年、著者の養蜂活動はその幅を広げ深みを増していく。それは楽しみを増すはずだったが……出会いと発見に満ちた団塊世代からの発信第二弾。

みやざき文庫100　四六判並製［1500円＋税］

関連本

輝けるミクロの「野生」

日向のニホンミツバチ養蜂録［増補版］　飯田　辰彦 著

宮崎県耳川流域の養蜂家に密着取材して、ブンコづくりや分蜂から採蜜までを追った貴重な記録。二〇一二年十一月の取材による補筆を加えての増補決定版。

みやざき文庫47　四六判並製［1800円＋税］